低温物性及测量

——一个实验技术人员的理解和经验总结

苏少奎　著

U0197601

科学出版社

北　京

内 容 简 介

本书分三部分：低温条件下的电输运测量、比热测量及分析和磁性测量及分析。在电输运测量中，不仅介绍了低温电输运测量的基础知识、测量中的注意事项，还包括电阻率、各向异性电阻率的测量、霍尔系数的测量、门电压的使用等内容。在比热测量及分析中，介绍了声子、电子、磁子等对比热的贡献及拟合公式的适用范围，并列举出了各个相变的比热特征曲线。同时，也介绍了两种常用的测量方法，可以帮助读者了解在测量中如何才能得到可靠的数据。在磁性测量及分析中，介绍了基本物理图像、测量方法等，也列举了各个性质磁性特征曲线，以及一些物性参数的测量方法。

本书适合凝聚态物理领域从事实验工作的研究生与科研人员学习使用，也适合相关领域科研工作者作为常备的实验参考用书。

图书在版编目(CIP)数据

低温物性及测量：一个实验技术人员的理解和经验总结/苏少奎著.
—北京：科学出版社，2019.1
　ISBN 978-7-03-059908-7

　Ⅰ.①低…　Ⅱ.①苏…　Ⅲ.①电磁测量—测量方法　Ⅳ.①O441.5

中国版本图书馆 CIP 数据核字（2018）第 282755 号

责任编辑：钱　俊　陈艳峰／责任校对：杨　然
责任印制：吴兆东／封面设计：谜底书装

科 学 出 版 社 出版
北京东黄城根北街 16 号
邮政编码：100717
http://www.sciencep.com

北京虎彩文化传播有限公司印刷
科学出版社发行　各地新华书店经销
*
2019 年 1 月第　一　版　开本：720×1000　1/16
2023 年 7 月第七次印刷　印张：15 3/4
字数：200 000
定价：59.00 元
（如有印装质量问题，我社负责调换）

前　　言

经过近二十年的飞速发展，我国用于低温物性分析的仪器已经相当普遍了；同时，新材料每天都在大批量的合成。所以，现在利用低温物性测量设备探测材料的各种性质，已经成为各个研究单位的必备条件了。

然而，经过专业训练的低温物性测量的技术人员，却远远不够。而且，现今的绝大部分课程和书籍，主要介绍测量方法和原理，很少有涉及具体测量过程的。大部分刚刚接触低温测量设备的人，都是在这个基础上开始的。然而，理论与实际的出入非常大。例如：人们常说的霍尔系数测量，大多数人认为只要在垂直电场方向上测量电压就行了。但实际测量中，由于两个电压电极不可能完全处在同一等势线上，所以，测量的电压信号往往还包含正常电阻的电压。而且，正常电阻的电压值一般远大于霍尔信号。如何扣除掉正常电阻的电压而检测出霍尔信号，还是要经过一系列的实验和数据处理才可以的。还有，大多数人把测量设备提供的温度，就当作样品温度。而实际上，不同的变温速度和测量发热功率，会导致样品温度和显示温度差距很大。所以，一本关于低温物性测量分析的教材或资料，应该是每个测量人员都有的需求。

本人从1997年到现在，一直从事低温物性测量的工作。每天和不同的学生打交道。发现他们的很多问题具有共性，例如：有的实验条件常常被忽视；有些地方容易犯错；实验现象不明白怎么回事，更不知道下一步该怎么做；有些物理参数不会测量等。从 2008 年本人就开始收集和整理实验测量过程中研究生容易犯错的地方，实验现象的物理图像理解，相关物理参数的测量方法，各种性质的特征曲线等。现将这些内容收集成册，以方便更多的刚刚进入低温物性测量分析的研究者参考。

本书的主要内容有三部分：低温条件下的电输运测量、比热测量及分析、磁性测量及分析。在电输运测量中，主要包括电阻率、各向异性电阻率的测量、霍尔系数的测量、门电压的使用等。从制作电极到测量方法，以及测量中的注意事项等一一包括了。在比热测量及分析中，介绍了声子、电子、磁子等对比热的贡献及拟合公式的适用范围，并列举出了各个相变的比热特征曲线，将会使读者立即判断出他测量的数据属于什么相变。同时，还介绍了两种常用的测量方法，可以帮助读者知晓在测量中该注意什么才能得到可靠的数据。在磁性测量及分析中，不仅介绍了测量方法，也同样列举了各个性质磁性特征曲线，还列举了一些物性参数的测量方法。本书还具有如下特点。

（1）书中引用了许多公式，省略了部分推导过程，但是详细说明了公式的适用条件。这样做的目的是方便读者的使用。具体的推导过程，可以参阅相关文献。

（2）本书的全部内容是本人熟悉的，且亲自做过实验。只有这样，才能有真正的实验意义。而本书的目的，就是"将我自己的经验告诉给读者"。

（3）书中列举的数据图，一般选取本人自己使用设备上测量的数据。虽然不是特别完美，但都是真实的数据。另外，由于测量的都是新材料，测量人往往要求保密。所以，有些数据图中的材料无法标注出来。

（4）本书中的测量方法、数据处理方法和注意事项的总结，是本人经过对以往的质疑，根据实验反复思考后，得到的结论。虽然不敢确保完全正确、内容全面，但必有一定道理，供读者参考。

（5）书中的很多观点和理解，源于本人自学并与许多老师讨论的结果。对于书中部分观点，可能还存在不同看法、见解。所以，对于这部分内容，书中做了标注，仅供读者参考。

本书涉及内容较广，且本人学识浅陋，难免有不足之处。恳请读者予以批评指正。如果能将发现的问题反馈给本人（邮箱：sski@iphy. ac. cn），本人将万分感激！

苏少奎

2017 年 10 月

补　记

本书自 2019 年 1 月出版以来，经诸多朋友、读者推荐，销量斐然、反响巨大！本人在此深表感谢，也甚感欣慰！同时，出版后也有读者发现书中有误或不妥之处，本人亦深表感谢。借此次重印机会稍做修改，修改页有：78 页、101 页、113 页、119 页、137 页和204 页。

苏少奎

2021 年 8 月

致　　谢

2000年1月1日，我们一行人从中国科学院低温实验技术中心加入到中国科学院物理研究所工作。我个人加入到王云平的课题组一起做关于"磁量子隧穿"方面的研究。

那时候，我只是一个做极低温实验的技术人员，连最基本的"声子"的概念也没理解！王云平老师深厚的物理基础和讨论问题时清晰的物理图像，对我的帮助非常大，是我物理图像认知形成的主要促成人。从那时至今，我有什么物理问题，都是首先和他讨论。所以，首先感谢的人，便是王云平研究员。

其次，我请教和与之讨论过的老师还有：张殿琳院士、陈兆甲研究员、吕力研究员、王楠林教授、雒建林研究员、景秀年主任工程师、白海洋研究员，在此致以衷心的感谢。

再次，还有许多帮助过我的朋友，如杨昌黎研究员、单磊研究员、杨义峰研究员、程金光研究员、孙培杰研究员、梁文杰研究员、金魁研究员、张宏伟研究员、李岗副研究员、陆俊副研究员等。另外，米振宇博士对全书进行了仔细阅读并修改。在此致以衷心的感谢。

另外，我还要特别感谢我的"虎友"——汪卫华院士。本人天性是"又笨、又懒、又贪玩"，所以经常浪费时间和情绪沮丧。而汪卫华经常用一些小事情和言语刺激我，气得我只好去努力。而他自称这就是"虎友"的价值。可我在沮丧时，他反倒鼓励我。细想起来，若没有他的因素，恐怕还要晚几年才能完成这部书。

最后，要感谢的是我的妻子——杜立力。从结婚以来，她把所有家务都包了，只是催促我做好工作。想想自己"又馋、又懒、又没钱"，如何配得上如此的爱人？于是暗下决心：把工作做好，把书写好！也因此促进了本书的完成。

在出版过程中，中国科学院物理所的领导及科技处、财务处给予了大力支持，在此深表感谢！

最后，衷心感谢所有帮助过我的人！

2017 年 11 月 7 日　立冬

目　　录

第一章　低温电输运的测量

第一节　低温电输运测量的必备基础知识

由于我们人类无法像看水流那样，看到电流和电场及其变化，所以只好凭已有的知识来判断：电流和电场是否按我们的预期变化。在实验过程中，有很多因素会影响我们施加的电场，从而使样品上的电流分布和预期的相差甚远！所以，对于这些影响实验的情况，我们必须非常清楚！否则，得到的数据要么没有规律可循；要么测量结果就是错误的！

另外，在电输运测量中，微弱信号测量往往需要锁相放大器等仪器设备，其原理和使用注意事项等是微弱信号测量的基础，也是必须要清楚明白的！所以，该内容也放置在本节。

本节将主要介绍各种常见影响测量的因素和一般测量需要的知识。

一、热电势

由于电子的浓度、运动速度和平均自由程等参数，以及电子和声子相互作用的强弱等都会随温度变化而变化；如果材料两端有温差，则会导致材料的两端电荷数目不一样，从而有了电势差，这个电势差称为热电势。材料两端的电势差和温度差之比为塞贝克系数。

当测量的样品有温度梯度时，热电势就会进入测量系统，从而导致测量不准确。还有一种情况，会使热电势效应加强。那就是样品和电极之间的塞贝克系数符号相反（也就是随着温度降低，一种材料的电势增高，而另一种材料的电势降低）的情形。此时，进入测量系统的电势差会变得更大。

但是由于热电势只与温度梯度有关，所以在测量样品的电阻时，采用正反电流各测一次取平均值的方法，就可以消除其影响。但是请注意，此时测量的是样品平均温度的电阻值。

测量引线的热电势的影响。在低温条件下测量样品电阻时，必然有测量导线从低温一直连到室温。一般情况，用于施加电流的两根引线作为一组；测量电压的两根引线作为一组。并且每组线双绞在一起，以减少开环面积。如果两根测量导线的材质是一样的，在低温处和室温产生的热电势是一样的，因此不会对测量有影响。但是，如果两根测量导线的材质不一样，也可能有热电势产生！不仅影响测量，还可能会烧毁样品。所以，在制作测量引线时，每组引线的材质要保持一致。

总之，测量电输运时，样品要保持温度一致，测量引线是同种材料制作，且用正反电流方法来测量，以避免热电势的影响。

二、接触电势

接触电势指的是：两种不同的材料接触在一起时，接触的两端会有一个电压差，此电压差称为接触电势。这是由于：不同材料的费米能往往不一样。当这两种材料连接在一起时，费米能高的材料将输出部分电子给费米能低的材料，从而使费米能拉平或平滑地连接起来。这就导致了材料在界面附近不再是电中性。费米能高的材料由于少了电子而显正电性；相反，费米能低的材料显示负电性，因此，在接触的两端会有一个电压差。

当样品是很好的导体时，电极和样品之间的接触电势对测量影响不大。除非是电极没有制作好（可能的情况是：在电极和样品之间存在绝缘层，从而导致电极和样品之间有一个势垒），那样才会对测量有影响。

> 关于两个金属材料接触到一起时，界面处是否有接触电势差的问题，我询问过许多科研人员。普遍观点是：这两个金属的电势是一样的，费米面是平的。但是在界面处，有人认为有一个内场，有人认为没有内场。
>
> 个人理解：由于费米面高的材料失去一些电子，因而整体表现为带有正电荷。这些正电荷主要分布在金属的表面。对于费米面低的材料，也是类似，只是表现为负电荷罢了。因此，在界面两边仅有少量的电荷分布；而且，主要应该分布在界面的边缘处。就像电偶极矩一样存在着。所以，个人认为在界面的边缘，存在着局域的电场；而在界面内部，没有电场存在。因而，界面两边没有电势差。按照这个模型，当界面很小（如 10Å）时，界面两边会有电势差的。
>
> 关于《固体物理》中描述的接触电势，在这里应该指的是"让金属费米能上升或下降的电势差"，而不是界面两边的电势差！

即使界面处有电势差，也对测量影响不大。这是因为，如果电极材料相同，电极和样品的关系，相当于 A-B-A 结构。我们知道，在一个串联组合中，如果温度场是均匀的，接触电势只和两端的材料有关。这两个界面的接触电势是大小相同、极性相反的，所以说我们实验中测不到接触电势的。

当样品类似于半导体时，则会在电极和样品之间形成一个势垒。这对于测量是非常不利的。由于这个势垒的 I-V 特性不是线性的，且两个电极和样品的接触也无法完全对称，因此，用正反电流的方法是无法消除其影响的。

一般的解决方法：

（1）采用不同的金属制作电极。因为不同金属的功函数不一样，所以需要寻找合适的材料使接触势垒最小。例如：硅常用硅铝丝制作电极，砷化镓就用金属铟制作电极等。

（2）采用不同的电极制作方法。不同的制作方法，会导致电极的接触电阻及接触势垒不同。

（3）退火处理。退火的目的是让元素互相渗透，从而减薄势垒的厚度，以提高隧穿电流。

制作电极的最终要求是：实现电极的"欧姆接触"。欧姆接触指的是：电极和样品之间的 I-V 特性是线性关系。同时接触电阻越小越好。（如何界定 I-V 特性线性关系的范围？理论上说在电流为零附近的 I-V 特性为线性。但实际上的检测只能是一定电流范围内的 I-V 特性曲线，因此就涉及 I-V 曲线线性范围定义的问题。个人认为，线性区域的定义应该为：测量中使用的电流值到该值的百分之一。例如，如果测量电流为 $1\mu A$，则线性范围是：$\pm 1\mu A \sim \pm 10nA$。这样才能保证测量时施加的正弦信号不失真。）

另外由于样品随着温度的降低，电阻率会发生巨大变化，因此，可能会引起电极的接触性质的变化。所以，低温下还需要检测电极的接触是否为欧姆接触。

追求电极的欧姆接触，是研究半导体输运性质的重要一步。而在一般材料的电阻测量中，也常常会有影响。我也是经历了许多类似的测试经历，才慢慢意识到这个问题的重要性。

（4）采用恒流模式测量。如果一时无法制作出欧姆接触的电极，也可以采用四线法——恒流模式来测量。虽然接触区域有势垒，但是恒流源会通过提高输出电压而保证穿过样品的电流与设定值一致，从而完成测量。而恒压模式就会导致样品的压降与设定的值不同，从而测量出错。

三、电极的制作方法

样品在进行电输运测量前，首先要制作电极，而电极的制作方法和制作质量的不同，会导致接触电阻差异非常大！所以，要格外注意。

电极的制作方法有：导电银胶法、压铟法、镀膜法、点焊法等。下面，我们逐一介绍。

1. 导电银胶法

导电银胶是固化后或干燥后，可以导电的一种粘结剂。其主要由导电的金属银颗粒和环氧树脂组成。

市场上有很多品牌和型号的银胶，其银粉颗粒大小不同，与环氧胶的比例不同，因而性能差异很大。我们试用过几个品牌的银胶，发现美国杜邦 5007E 可以用于低温下输运测量。接触电阻最好时，可以达到几个欧姆。

使用方法：将铂丝（直径约 $20\mu m$）的尖端粘一些银胶，而后放置在样品所需之处，大约 15min，银胶干燥了就可以了。

优缺点：操作简单，不破坏样品；但是，接触电阻往往随温度变化而变化。

2. 压铟法

银胶法虽然简单，但是当样品表面有一层氧化膜时，此方法就无法使用了。此时就要用"压铟法"来解决。

压铟法是将一小段铟丝，用硬物反复地压、擦于样品需要制作电极的地方，一直到样品局部表面层破裂，金属铟渗入到破裂的缝隙中为止。

然后，将铂丝放置在该处，之后有两种方法处理：一种方法是继续压铟在铂丝上面，通过铟的形变来保持铂丝和铟牢牢地接触；另一种方法是用电烙铁微微加热，使铂丝和铟熔合在一起。

压铟法的优点是简单、容易；缺点是失误率较高，且破坏样品，对于较小、较薄的样品，很难操作。

3. 镀膜法

现在有很多种镀金属薄膜的方法，如热蒸发、磁控溅射、电子束蒸发等。在样品上覆盖掩模板，就可以在特定的区域镀上一层金属膜作为样品的电极。

镀膜法的好处是，它可以在真空中完成，因此，样品不会被空气氧化；另外，通过选取合适的金属，可以制作出接触电阻很小的电极；再有，通过精加工的掩模板，可以使电极的形状非常规则。尤其在测量霍尔电压时，这会非常重要。这是因为横向霍尔电压电极的位置是否在等电位上，对减少纵向电阻分量影响至关重要。

镀膜法虽然对工艺要求高一点，但是优点太多，因此越来越多的实验组采用这个方法了。

4. 点焊法

例如，超声金属点焊机，其原理是把超声波的振动转换成电极与样品表面的摩擦运动；在摩擦过程中，样品上金属的氧化层会破坏掉，并且产生热量使金属变软，分子更活跃；同时对其施加压力，使电极端面与金属面互相浸入而形成分子间的熔合。

制作时，首先要在样品上需要制作电极的地方镀一小块金属膜（一般是金膜），然后将金线一端点焊在金膜上面，金线的另一端，连接在外部测量点上。

该方法的优点是：接触电阻可以很小，电极点也可以很小（20μm），因此可以适用于很小的样品；金属线和金属膜可以选用同种金属，以彻底消除接触电势、热电势和热胀冷缩等的隐患。缺点是：制作相对麻烦，接触点不及银胶法牢靠，对制作工艺要求稍高些。

总之，制作电极有很多种方法，不同的方法效果也不同。当我们准备测试一个新的样品时，要试验几种电极制作方法，并比较它们的结果，如接触电阻、接触势垒大小、冷热循环后电极变化情况等，最后选择一种最好的方法来制作电极。

在电输运的实验研究中，电极制作是基础的基础，务必要精心准备！否则，我们的实验数据要么有规律无法发现；要么就是系统误差导致的假象规律；要么就是噪声很大而无法使用的数据！

四、接触电阻

在电极和样品之间，也会存在一定的电阻。我们称之为接触电阻。接触电阻的大小取决于电极的制作方法、材料及接触质量的好坏。接触电阻往往会随温度变化而变化。一般情况下，不随磁场变化，但是，如果是磁性材料的电极，可能会有影响。

接触电阻是串联在电极和样品之间的，因此，用两线法测量电阻时，就包含了接触电阻了。所以，只有在确信接触电阻的变化远远小于样品电阻的变化后，才可以用两线法测量样品电阻。

五、"地"的问题

判断一个实验人员对电输运测量入门与否，关键的就是看他对"地"的认识。对这个概念理解了，并且能在实验中避免"地"的危害了，才能算入门。

1. "地"的概念和种类

"地"的概念源自"地球的电位"。因为地球比较大，存储的电荷量也非常大。因此，某处有电荷注入或输出，对其电位影响不大。所以，人们常以地球的电位作为参考电位。

工业上，变压器输出有相线、零线。相线是有电压输出的线，零线是变压器的中间点，接近零电压，是电流流回的线。而地线是在地表浅层埋下圆钢或角钢，或者铜棒或铜板，然后引一根导线出来，这个线叫做地线。为了安全，人们会把地线和零线连接到一起。在我们实验室里，有很多这样的连接点，但是，注明了是"强地"。由于有些仪器会在某个瞬间产生很大的电流，该电流经过零线进入大地，但是在进入大地之前，会引起"强地"电势波动。也有设备，会通过"强地"将多余的交流电压排出。因此，"强地"电位不是很稳定的。

"弱地"：作为实验楼，一般都会自己建造一个接地点，并引出一根导线。这个地线，称作"弱地"。因为没有设备的电流到它的端点，所以其电位更加稳定。"弱地线"是专门为科学实验测量设计的。

我们平常说的"地"，指的就是在实验室内的这个"弱地"。常以这个点的电位作为参考点，也俗称"地电位"了。而"接地"指的是：仪器或样品等通过导线和这个点连接起来。从而，测量系统以此点为参考点。

2. "地"的漏电流

测量时，我们需要对样品施加一稳恒电流。但经常会由于线路搭建不合理，而有部分电流没有经过样品而直接通过"地"回到了恒流源。常见的情况有：

（1）输入阻抗引起的分流。一般的电压表的信号输入端等效于理想放大器并联一个 $10M\Omega$ 的阻抗（图 1-1-1）。所以，当样品的电阻在 $1M\Omega$ 以上时，就会有部分电流从电压表的输入阻抗处漏掉。从而导致样品经受的电流不是我们在恒流源上设定的电流了。

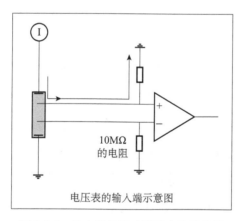

图 1-1-1　输入阻抗影响测量电路示意图

这种情况，经常会导致电压表输入的压差变小，甚至变号。如图 1-1-2 所示，这是我在 PPMS（physical property measurement system）上测量电阻随温度的变化曲线，在低温下电阻较大时，偶尔会出现的情况。当样品电阻在几兆欧姆时，会有部分电流经过电压表的输入阻抗端进入地，从而使流经样品的电流减小。但是，测量仪表并不知道，依然用测量的电压除以输出的电流。输出的总电流并没有变，样品上分的电压小了，所以，测量电阻值逐步减小。出现负电阻的原因是电阻测量时，由正电流和负电流各测量一次取平均得到的，而这两次测量过程中，测量线路设计不是对称的。我曾经试过只有正电流测量，并没有出现负电阻的情况。

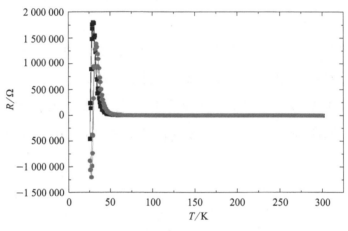

图 1-1-2　低温电阻过大时的不正常曲线

（2）这种错误在我们搭建测量线路时经常会犯。如图 1-1-3 所示，当电压表的低端没有浮地，而是直接接地的时候，样品电流就会直接经电压表低端到地，通过地再回到电流源。也就是样品下一段的部分没有电流流过。这时候，测量的电阻值是部分样品电阻及低端电压电极与样品的接触电阻之和了。

它的危害是：我们测得的数据看起来很正常！ 任何仪表没有报警提示。而且，在我们变温测量时，电阻也会改变！但是，这些数据肯定不是全面的样品电阻的信息！

解决办法是：如图 1-1-4 所示，我们可以将恒流源采取浮地的工作方式，而用电压表的低端接地，作为参考电位。当然，我们也可以如图 1-1-1 所示，将电压表浮地，电流源低端作为参考。（关键是：我们一定要理清电流的线路和电压的线路！）

（3）当我们用交流信号测量时，由于直流电压表的输入阻抗是

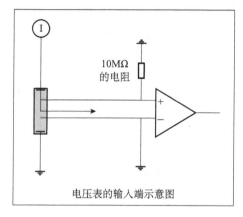

电压表的输入端示意图

图 1-1-3 测量仪表短路示意图

由电容构成的，所以，对于交流信号而言，直流电压表的输入端就是地！也就是交流电流可以通过直流表的输入端"漏掉"，而不再经过样品了。

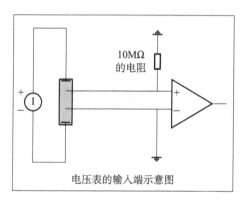

电压表的输入端示意图

图 1-1-4 电流源浮地法示意图

有一个很简单的解决办法，就是在电压表输入端串联一个电阻，电阻值远远比样品电阻大，这样，施加的电流就绝大部分经过样品了，从电压表漏掉的电流就可以忽略了。

3. "地"的耦合信号

"地"的耦合信号即"地线"闭合回路的电压耦合。

当我们像如图 1-1-5 所示连接仪表时，若不小心将恒流源的"地"和电压表的"地"连接到了一起，如图 1-1-6 所示。这样就会产生一个很大的闭合的回路。若在这个回路中有电场或磁场的变化，就会使 A 处的电势产生变化，从而导致样品的电压参考点也随之变化，进而导致测量的数据也会波动变大。

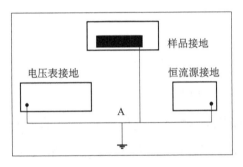

图 1-1-5　样品、仪表接地的示意图

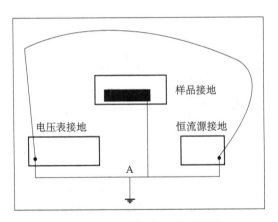

图 1-1-6　地线闭合回路示意图

在实验中有时发现测量的数据有较大的包络，但是重复性很差，这大多是由于"地"的缓慢变化导致的。

解决方法：只有仔细检查线路。**请牢记：实验上不能很好重复的结果，很可能是实验错误导致的！！！**

六、人体静电冲击的避免

人体静电电压可能会很高，甚至达到上万伏。在易燃易爆环境下，人体的静电与金属接触时产生的火花会引起爆炸！而我们用于科研的微纳结构样品，也很容易因人体静电而烧坏。

解决方法：如果操作时间很短的情况下，在接触样品前，人体先与"地"接触一下。例如，摸一下与"地"连接的金属，或者"地"线。如果操作时间较长，最好将"地"线通过导线连在手腕上。还有，可以在地面上铺防静电的脚垫等方法。

七、开关电势差导致的电冲击

实验室更多烧坏样品的情况是：由于仪表的输出端和样品之间一般会有电势差，当样品和测量仪表连接的一瞬间会有大电流的冲击，因此有可能烧坏样品。于是，有人在测量仪表和样品之间，设计一个开关，通过开关使测量仪表和样品在接通前就处在同一个电势上。这样接通后就不会烧坏样品了。

一个解决的实例：如图 1-1-7 所示，在开关两端，并联一个大电阻，如 $10M\Omega$ 的电阻。当开关处于断开的状态时，由于有这个 $10M\Omega$ 的电阻保护，外界和样品的电压差不会产生大的电流，因此不会烧坏样品；又是由于有这个保护电阻，开关两端的电势会慢慢地达到一致。在接通开关时，就不会有电流冲击样品了。图 1-1-7 中串联的 50Ω 的保护电阻是为了防止人们误操作，将恒流源短路而烧毁仪表或样品的。

这个办法是我看到吕力研究员在实验中用到的。

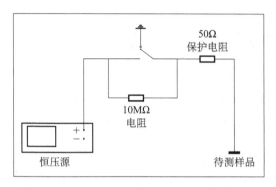

图 1-1-7　保护开关示意图

八、锁相放大器

　　在进行电输运测量中，我们会使用到很多种类的仪表，最常用的有：恒流源、恒压源、信号发生器、电压表、锁相放大器等等。对于这些仪表的基本操作和各种提示要清楚明白，这也是电输运测量的基础。我曾经遇到过："恒流源的警示灯一直在闪烁，在提示使用者'恒流源输出的电流没有达到设定的电流值'。但是，那个学生的测量还在进行着。"这样的实验做得再多，也是没有意义的！

　　在使用恒流源、恒压源时，我们要注意输出的电流、电压的精度，以确认是否满足实验需要；还要注意其输出阻抗，是否满足实验线路需要；对于电压表，我们要确认其测量精度，是否满足实验需要；还要确认其输入阻抗，并判断是否影响测量线路。

　　以上这些，我们通过看说明书，就可以知道。在实验中仔细观察和分析，基本就可以了。但是锁相放大器，不仅其原理复杂，更是由于其工作原理在很多地方都有应用，如振动样品磁强计（VSM）、交流磁化率测量等，所以在这里详细地介绍给大家，以方便读者理解。

锁相放大器基本原理：

一般电压表测到的电压信号可以看作是很多频率信号的总和。用数学公式表示为

$$V_{\text{measure}} = V_0 + V_1 \cos(\omega_1 t) + V_2 \cos(\omega_2 t) + \cdots + V_n \cos(\omega_n t)$$

$$(1\text{-}1\text{-}1)$$

其中，V_n 是交变电信号的幅值；ω_n 是交变电信号的频率。

假定，我们只想测量频率为 ω_2 的幅值信息，即 V_2，怎么办呢？因为要知道，有些频率的信号的幅值，可能远远大于 V_2 的幅值；那么其他频率信号的总和，就更远远大于 V_2 的值了。

锁相放大器可以轻松地将其他频率（包括直流信号）的幅值消减趋于 0，并且同时将 V_2 成倍地放大，从而大大地提高了信噪比！

具体过程如下：

如果将幅值为 1，而频率也为 ω_2 的信号作为一个标准参考信号 $V_{\text{standard}} = \cos(\omega_2 t)$，而后将该标准信号 V_{standard} 与待测信号相乘，得到

$$V_{\text{measure}} \times V_{\text{standard}} = (V_0 + V_1 \cos(\omega_1 t) + V_2 \cos(\omega_2 t)$$
$$+ V_3 \cos(\omega_3 t) + \cdots) \times \cos(\omega_2 t) \quad (1\text{-}1\text{-}2)$$

由三角函数的积化和差公式，很容易得出一个直流项 V_2 和其他都是交流项的多项式。如下式：

$$V_{\text{measure}} \times V_{\text{standard}} = V_0 \cos(\omega_2 t) + V_1 \cos(\omega_1 t)\cos(\omega_2 t) + \frac{1}{2} V_2 \cos(2\omega_2 t)$$

$$+ \frac{1}{2} V_2 + V_3 \cos(\omega_3 t)\cos(\omega_2 t) + \cdots \quad (1\text{-}1\text{-}3)$$

如果将这些信号长时间的相加，随时间交变的信号就会趋于 0，而直流信号则会积分变大！这样就可以将频率为 ω_2 的幅值 V_2 放大出来。

为了简单明了地理解，我们用图 1-1-8～图 1-1-10 三张图再来描述。

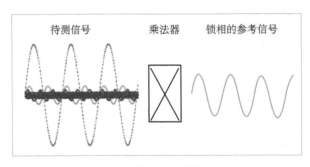

图 1-1-8　锁相放大器的相乘

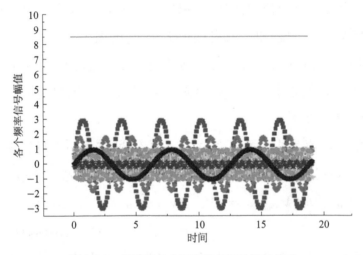

图 1-1-9　相乘后各个频率信号随时间的关系

通过图 1-1-8 到图 1-1-10 三张图，我们可以简明地理解锁相放大器工作原理：

第一步是通过相乘，将待测信号转变为直流信号，同时，原直流信号变为交流信号，其他频率的信号还是交流信号；

第二步将所有信号相加，也就是常说的积分，这样将直流信号放大而交流信号趋于 0；

第三步将测量到的电压信号对时间归一化，一般换算到 1 秒积分对应的数值，此时测量的数值就是我们要测量的 $\frac{1}{2}V_2$。

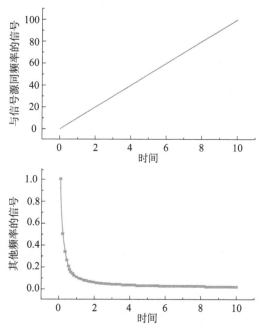

图 1-1-10　将一段时间信号相加的结果示意图

这便是锁相放大器的基本原理。

然而，在上述过程，有一个假定，就是待测信号和标准信号是同步的。但是，在实际测量时，待测信号与标准信号往往不是同步的，也就是他们之间会有一个相位差 δ。因此，待测信号和标准信号相乘并积分后，得到的是 $\frac{1}{2}V_2\cos\delta$。此时，未知量有 V_2 和 δ 两个。

为了求出 V_2 和 δ，人们将标准参考信号偏移 90° 后，即变为 $\sin(\omega_2 t)$，而后与待测信号相乘并积分后，就得到了 $\frac{1}{2}V_2\sin\delta$，即

$$x = \frac{1}{2}V_2\cos\delta \tag{1-1-4}$$

$$y = \frac{1}{2}V_2\sin\delta \tag{1-1-5}$$

其中，x 为实部，是与标准信号同步的信号大小；y 为虚部，是与

标准信号相差 90°的信号大小。通过这两个式子，就可以求出幅值 V_2 和相位差 δ。在不同的体系中，这两个参数有着不同的物理意义。尤其在交流磁化率测量中，意义非常丰富。

图 1-1-11 是锁相放大器的工作原理简化示意图，明白这个过程，有利于我们对锁相放大器的进一步理解和使用。

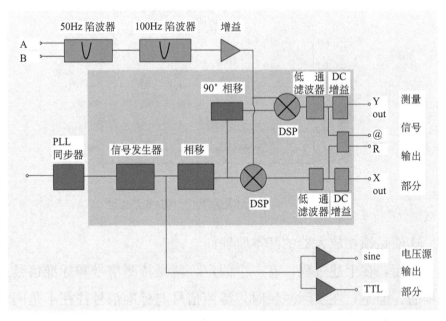

图 1-1-11 锁相放大器工作原理简化示意图

待测信号通过 A 和 B，经过两个滤波器后输入到前置放大器。输入端可以是单独接 A 端，而 B 端自然接地；也可以采用 A—B 的浮地模式输入；一般前级放大器都会有市电频率的滤波器，所以，我们在选择测量频率时，尽量避开市电频率及其倍频；前置放大器的工作频域宽，很容易因输入信号过大而损坏，所以，要注意不要有过大信号输入！

信号发生器在同步器的控制下，定时产生一个标准正弦信号，即标准参考信号，该信号可以通过外部相移器来改变其相位。标准参考信号与待测信号同时输入数字处理器（DSP），进行相乘处理。

而后通过低通滤波器将交流信号归置趋于 0，再经过直流放大器，输出即为待测信号的实部 x。

标准信号经过相移 $90°$ 后，与待测信号相乘，并滤波放大后，输出为待测信号的虚部 y。

图 1-1-11 中的信号发生器，不仅产生一路标准参考信号，同时也能对外输出两路信号。一路是用于测量线路中的恒流源或恒压源；另一路对外输出同频率的 TTL 信号。这个 TTL 信号通常用于给其他设备提供参考信号，以保证几个设备的测量是同步的。

现在，有成型的锁相放大的仪器，如美国的 SR830 等，用于电压、电流测量；也有利用这种原理，制作成仪器设备的，如振动样品磁强计（VSM）、交流磁化率测量系统，等等。这些在后面会有详细介绍。

九、低温电输运测量注意事项

1. 样品温度和显示温度不一样的情况

我们在设备平台上看到的温度，叫做显示温度，一般在仪表的显示界面上显示。

显示温度的产生：一般是在设备内部放置一个温度计（如我们常用的是电阻温度计，也就是一个电阻对应一个温度），通过测量温度计的电阻值，再经电阻-温度关系表转换为温度，并以数字的形式显示给用户。但是，放置温度计的位置和样品的位置会处在不同的地方，因此它们之间可能会有一定的温差。

低温仪器在设计的时候，设计者会尽可能减少温度计和样品台的热阻。换句话说，他们之间热平衡的弛豫时间还是比较短的。因此，一般情况下，是不考虑这个温差的。

出现温差的情况有：

1）变温速度过快

虽然，温度计和样品台之间热平衡的弛豫时间是比较短的，但是，如果我们设定变温速度过快的话，还是会导致这两者有温差的。最显著的现象是样品的升温和降温曲线不重合!!! 这是由于：在升温时，温度计更靠近控温部分，因此温度先上升，也就是显示的温度高于样品温度；在降温时，温度计依然更靠近控温部分，因此，显示温度低于样品温度。这一出一入自然导致曲线不重合了。

解决方法很简单：各个低温设备会有相应的参数，按照其参数操作，一般不会有问题的。例如：我用的超导量子干涉仪振动样品磁强计（SQUID VSM），在使用手册上有"变温速度慢于 5K/min 时，样品温度和测量显示温度是一致"。而我实际经验也发现，这时基本上样品温度和测量显示温度是一致的。但是，如果要用于文章发表的数据，个人还是建议用 2～3K/min 的变温速度。这样，数据会更完美。

所以，我们实验时，只要变温速度低于仪器给的参数，显示温度是可以当作样品温度的。除非仪器没有处在正常状态下。

2）测量发热

另一种导致样品温度和显示温度不一致的情况是：测量电流在样品附近发热导致的。而这也是我们实验时要格外注意的！

原因很简单，就是测量电流经样品时，产生的焦耳热会导致样品温度升高的。但是由于我们只能看到显示温度和测量的电阻值，所以，我们并不知道样品温度是否和显示的一致。这需要一些办法来判断。

方法一：改变电流法

如果待测样品的电阻随温度有明显变化，可以使用这个方法。

实际上，一般材料在低温处的电阻随温度变化还是很明显的。因此，这个方法还是很实用的。

首先，在温度稳定后，使用一个小电流来测量样品电阻，而后观察样品电阻。如果样品电阻一直随时间变化，说明样品温度一直在变化，需要使用更小的电流来测量。如果样品电阻是稳定的，即不随时间变化，记录下这个电阻值。而后逐步增加测量电流值，并观察样品的电阻值，直到样品的电阻发生变化为止。此时的电流就是可以使样品温度升高的最小电流了。（如果知道接触电阻和样品电阻的大小，还可以估计出该温度点下仪器的制冷量。）如果我们测量电流远远低于这个值时，就不会有测量发热问题了。

方法二：改变变温速度

当在测量过程有发热现象，且进行变温测量，这时两种导致温差的情况都存在，所以，仅仅凭借按照仪器参数操作就不行了。

解决的方法：都采用升温曲线，两次升温的速度不同（如一次是 5K/min，一次是 3K/min），而后比较这两条曲线是否一致。如果一致，说明样品温度和显示温度是一致的。如果不一致，说明样品温度和显示温度有温差的。（我使用 PPMS 的经验是，测量的发热功率小于 0.1mW 时，采用 2K/min 的升温速度，是没有问题的。）

有一种特殊情况，就是样品在某个温度点发生一级相变，也就是有吸热或发热现象。该情况的特征是：只在这个温度点附近的电阻曲线不重合，而在其他温区，曲线是重合的。

如果利用升、降温两条曲线比较，只在相变温度附近，出现温滞，而其他温区没有温滞。那就能确定在该温度样品发生了吸热、放热的相变。

（附注：很多测量曲线，例如：电输运的、磁测量的随温度变化的实验，我都建议用升温测量！这是因为，降温过程中，进入控温器的冷量不稳定（液氦-氦气有相变的原因），导致温度波动很大。一则会使降温数据点间隔不均匀，另外，温度变化大，样品温度和显示温度温差也加大了。而升温时，冷量稳定，加热器的加热功率也稳定可靠，因此，温度变化很稳定。）

方法三：经验法

这也是熟练的实验人员常用的。

有经验的实验人员，需要熟悉所使用的低温设备的制冷功率和电压噪声水平。因此，在制作样品电极时，就考虑了需要多大的电流，这个接触电阻多大，样品电阻多大，会不会导致样品升温。并由此决定是否重新制作电极，或者重新制作样品的形状！

2. 热膨胀系数不一致的情况

低温电输运测量常常遇到的一种情况，即样品的热膨胀率和基片的热膨胀率不一样。

如果样品是通过黏结剂粘在一起的，这时"热膨胀率的不同"会导致样品和基片的连接变形，甚至样品会翘起来！因此，会导致样品温度与显示温度差距加大；同时，磁场和样品的夹角也会改变。

这种情况很容易发现，因为，在取出样品后，会发现样品和基片的位置改变了。

如果样品是通过薄膜生长的方式长在基片上的，薄膜会受到很大的应力。如果薄膜样品可以承受这个应力，则往往会对物性产生影响。有时，这也是科研人员追求的。但是，如果薄膜样品无法承受这个应力，则会出现裂痕。这时，样品测量的电信号有突变！过了某个温区后，信号又稳定了。但是，测量的数值无法重复。且经过几次升降温循环后，测量数据会朝着不好的方向发展。

解决方法：

(1) 降低变温速度。我们曾经试验过 10K/min 的降温速度，样品产生了裂痕；而 5K/min 的降温速度，则样品没有被破坏。不同的体系会有所不同，但是，降低降温速度会对这个现象有缓解作用。

（2）更换其他种类的基片，尽可能使样品和基片的热膨胀率接近。

（3）减小样品与基片接触的面积。

另一种情况是：样品的热膨胀率和电极的热膨胀率不一样，这主要针对镀膜法制作电极的情况。这会导致接触电阻变化，甚至电极断裂！这时候，测量的电阻波动非常大，远远高于正常噪声。且每次升降温后，情况会变得更糟！（这是因为，电极的破坏，只会不断加剧，而不会变好。如果是物理相变导致，则不会变得更糟！）

解决方法：

（1）重新制作电极，可以用其他金属制作电极，也可以选取其他电极制作方法。

（2）减小电极和样品接触的面积。

（3）根据实际情况，选用适合的方法。我曾经遇到过：实验样品在低温下 c 方向有近 10％的形变！于是，我就在样品 c 方向的两个端面上制作电极，从而完成了电阻测量。

3. 接触电阻导致的样品温度不均匀

接触电阻只是存在于样品和电极接触的地方，如果测量电流经过接触电阻时，产生的热量过大，就会导致样品的温度不均匀。这会导致有热电势的产生和测量的电阻值是一段温度的平均值。由于，这种情况在实验中经常遇到，所以特意提及。

判断接触电阻是否会产生温差的方法：通过两点法测量样品电阻和接触电阻的值；用四线法测量样品电阻的值，从而初步判断接触电阻的大小。

如果接触电阻小于样品电阻，那自然不会产生温差；只有接触电阻远大于样品电阻时，才有可能产生温差。

判断电极是否发热的方法：改变样品电流，观察样品电阻变化。当我们将电流调小一个量级时，发热功率会减小两个量级，所以，会对温差有很大影响。如果，此时测量的电阻值没有变化，说明接触电阻产生的热量可以忽略。这是针对电阻对温度较敏感，或者热电势较强的材料；对于不敏感的材料，可以通过观察标准公差的改变与否来判断。

解决接触电阻发热的办法：使用较小的测量电流；重新制作电极，保证接触电阻足够小；提高测量设备的制冷量。

4. 关于信号噪声的分析和处理

经常有同学问我，"这个数据的噪声很大，是不是哪里不对？该怎么处理？"在这里，介绍一些我自己的经验。

首先，任何测量设备都有噪声。所以，在我们要使用一台仪器或仪表前，就需要弄清它的噪声水平。例如：我使用的 PPMS 的电压噪声在最好状态时为 20～30nV；而 SR830 的电压噪声最好状态时为在 5nV 左右。知道这些参数后，我们就能够判断数据的噪声是否正常。

其次，要考虑信噪比。一般电信号测量，信噪比可以达到万分之一。例如：测量 1V 的电压，如果噪声在 0.1mV，是正常的；如果达到 10mV，就是不正常的了。

对于噪声的分析步骤如下：

（1）观察噪声的水平：如果和仪器的噪声水平接近，那么只有提高信号值才能解决问题。

（2）判断噪声大小和所测信号的比值：对于电信号，万分之一的信噪比是不错的。如果信噪比接近百分之一，那样是不行的；同时，数据看起来也不光滑。

（3）解决方法：**①提高样品电极质量。**测量噪声偏大的主要原因，样品电极制作得不好。如果接触电阻在 10Ω 以内，我们还可以通过增大测量电流来提高测量信号大小。但是，如果接触电阻达到几百至上千欧姆，那只有重新制作电极了。**②减慢变温速度，**也有利于测量精度的提高。**③增加测量次数。**例如，在 PPMS 的内部设置中，一般是每个测量点是 25 次平均的，但是可以通过改变这个参数以增加每个测量点的平均次数来降低噪声。但是，测量时间就会相应的增长。

如图 1-1-12 所示，这是我在 PPMS 上测量的一条小电阻测量曲线。样品的电阻只有约 30μΩ；电极是银胶粘的，接触电阻约 5Ω，测量电流 5mA；变温速度为 0.1K/min，每点测量的平均次数为 125，是一般值的 5 倍。

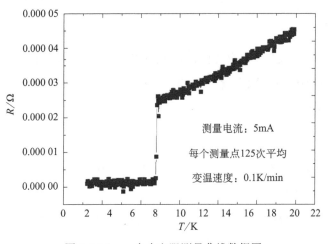

图 1-1-12　一个小电阻测量曲线数据图

5. 关于假信号的分析和处理

在我们实验测量中，经常会测量到"假信号"。假信号通常会很奇怪，经常还有一定的规律性，所以导致人们以为有了新发现而兴奋不已，最终只是浪费了很多时间和精力。

"假信号"产生的可能性有很多种，我只能列出我自己的一些经验给大家。

（1）样品的温度不均匀导致其他附加效应的产生。如热电势、电阻不均匀等。

（2）样品的测量状态随温度变化而发生了变化。最常见的是：样品电极的接触电阻发生了变化；样品产生了裂痕等。

（3）测量电流分布超出我们的预期，如图 1-1-2 和图 1-1-3 所示。

（4）测量仪表的故障。仪表在测量中，如超出量程或无法恒流等情况下，会有警示灯闪烁。如果测量人员忽略这个情况，就会得到"奇怪"的数据。

（5）测量线路的信号自身耦合。在所有的电测量线路中，或多或少都有闭环面积。在空气中的各种交流信号就会通过这些闭环耦合进入测量体系。

另外，请注意仪器内部不同测量线的信号耦合强度差异很大！例如，我使用的 PPMS 就是如此。这是因为：沿着柱状的环腔排列的双绞测量线，有的线组之间离得很近，有的则正好被金属腔柱隔开，因此，耦合系数差很多；再有，在真空密封处，采用了印刷线路板作为测量引线。所以，有的线相距很近，有的相距很远，自然耦合强弱不一样了。

所以，在使用前，要分别试一试哪组线与信号源线组耦合最弱，然后再确定使用哪些测量线组。

总之，当我们发现奇异的实验结果时，必须要多方验证，才能确信该实验结果是真实的！如何界定测量信号是假信号呢？我只能列出我自己的一些经验。

（1）遇到奇异的数据，一定要重复测量进行确认！

（2）遇到奇异的数据，一定要改变测量条件和测量方式进行确认！

（3）遇到奇异的数据，一定要更换样品、或者使用系列样品进行确认！

如果都能重复，且使用系列样品时具有规律性，那很可能是一个新的物理现象。物理现象必然对应着一个物理本质，而一个物理本质则可能对应着几个物理现象。如果其他物性参数的测量也有奇异的结果，那才能确定是新发现！

总之，电输运测量本来就比较困难，再加上低温条件，则更增加了其复杂性。因此，培养一个低温电输运测量的人员是相对困难的，甚至需要三至五年的时间。然而，这又是物理研究的一个基础手段，无法逃避。所以，我们只有仔细地分析和考虑每个环节，才能把低温电输运测量好！

第二节　电阻的测量

一、电阻的定义

电阻的定义为：在稳定温度和磁场的条件下，通过一段导体的电流强度和这段导体两端的电压成正比时，此电压和电流强度的比值叫做这段导体的电阻。

注意：有很多材料，其通过的电流强度和电压在一定范围内，不是线性关系，我们称之为该材料的 I-V 特性，而不称之为电阻。因为用 I-V 特性才能更能准确地反映该材料的电学性质。

如图 1-2-1 所示：一般材料的 I-V 特性曲线分为（a）低场非线性区、（b）线性区和（c）高场非线性区。

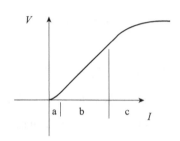

图 1-2-1　一般材料的 I-V 特性曲线

a. 低场非线性区；b. 线性区；c. 高场非线性区

在电流强度很小时，I-V 特性不是线性的，这大多是由于表面势垒或材料内部特性导致的；随着电流强度的增强，在一段范围内，其 I-V 特性是线性的。我们通常说的材料电阻率，指的是在这个区域的电阻率；但是当电流强度增加到很高时，I-V 特性又是非线性的了。

电阻的大小与导体材料和几何形状有关系，即与长度成正比，与截面积成反比，记作

$$R = \rho \frac{l}{s} \tag{1-2-1}$$

其中，R 为电阻；l 为样品长度；s 为样品的截面积；而 ρ 为电阻率。

电阻率是物质的本身属性，与形状无关。但是会随着温度、磁场改变而变化。其单位是：$\Omega \cdot m$ 或者 $\Omega \cdot cm$。经常有初学者，形而上学地认为电阻率的单位是 Ω/cm。其实，通过式（1-2-1）很容易就推导出电阻率的量纲来。所以，请初学者要格外注意。

二、电阻的测量方法及注意事项

1. 标准四线法

标准四线法是我们实验中最常用到的方法，也是最简单的方法。优点是可以消除接触电阻对测量的影响。然而，这其中有很多注意事项，是初学者容易忽略的。

标准四线法的电极结构如图 1-2-2 所示，其中，两端是电流电极，中间是电压电极。样品的形状是成长方形的，且长宽比要在 3～5。这是为了保证在电压测量区域，电场是均匀分布的。为了描述方便，我们称长边的方向为长轴，宽边的方向为短轴。

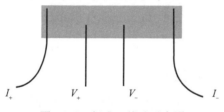

图 1-2-2　标准四线法示意图

在电极制作和测量过程中，每个过程都有严格的要求，下面逐一说明。

电流电极线：

要求尽可能贯穿整个样品。这是为了让电场分布尽可能平行于样品长轴方向。如果是较厚的样品，电流电极最好做在样品的侧端面。

电压电极线：

和样品接触的长度最好不要太长，绝不能一根长一根短。这是为了避免两根电极线的实际接触点在垂直方向上有间距。那样的话，有磁场时霍尔信号就可能进入了测量线路。

电压线和电流线间的距离：

一般以样品的 1 倍宽度为宜。但这不是严格要求。因为，其核心应是"电压线处在电场的均匀区即可"！

电压电极间的距离：

可以根据样品电阻的大小，适当调节。电阻小的时候，电压电极间距就大一些；反之，就小一些。这是为了使测量电压在容易测量的范围。

如果样品空间允许的话，电压电极间距稍大些比较好，尤其是在需要计算电阻率的时候。这是因为，在确定电压电极的位置时，总是有误差的。但如果总的间距比较大，相对误差就会减小了。

（附注：如果样品无法制成这样的电极，也不必纠结于此。但是在测量电阻随温度、磁场变化的曲线时，要保证电场分布没有变化，那样测量的电阻率的值只是和实际值有一个系数差距而已。但如果电场分布突然改变了，那就完全不一样了。）

测量电流大小的设定：

首先，给样品通最小电流（避免烧坏样品），然后观察电阻值；电流增大 10 倍，而后观察电阻。如果电阻值两次测量值是接近的，则说明，测量的值是样品的电阻值。如果不是一致的，则很可能测量的是非线性区电阻值。

其次，估算一个电流值，使样品的电压信号是测量系统噪声的 10 000 倍。一般情况，电信号测量的信噪比在 10 000 左右是可以接受的。

最后，还要考虑该电流是否会导致样品发热。如果保证样品不发热的电流太小，也就是信噪比远不到 10 000 的话，需要重新制作电极、增大电极间距离，甚至重新设计样品形状，以达到测量要求。

电压量程的设定：

由于现在的电压表都是由 A/D 转换器，将电压信号转为数字形式进行显示和存储的。因此，A/D转换器的位数会影响电压表的精度。因此量程越大，测量精度也就越差；量程越小，测量精度越高，但是测量的动态空间越小。因此，我们实验时，需要判断测量信号的量级，而后选择合适的量程。

直流法测量电阻：

直流法测量以其操作简单，且是稳态测量，附加效应较少而受人们喜爱。一般是正向通电流、反向通电流各测量一次，而后取两次的平均值，作为测量结果。为了提高精度，这样的测量可以重复很多次，所有测量的平均值作为测量结果。但是，重复测量次数越多，测量的时间也就越长。

交流法测量电阻：

交流法测量的优点是"精度好于直流法一至两个量级"。但是，由于会有许多附加信号耦合进来，所以，有丰富经验的实验者才可以得到可信的数据。因此，交流法很受专业人士喜爱。

交流法测量电阻，电极引线也是如图1-2-2所示。其测量原理即锁相放大器原理。一般选择激发电压为1V-30.9Hz的信号。选择低频，是为了减少电压探测线路直接耦合激发信号；30.9Hz是为了避开我们的市电频率及其整倍数。激发线路上串联一个大电阻，比样品的电阻大10 000倍以上。这样即使样品电阻变大几倍，而整体线路中的电阻变化不大，从而认为是恒流测量模式。如果样品电阻变化很大，导致测量电流改变了，那么就要监测样品电流才行。

测量前，先使用1V-30.9Hz的信号进行测量。得到样品的电阻值，而后改变测量频率和电流，观察样品电阻的变化。如果样品电阻随频率变化很大，说明线路中有交流信号的耦合或有电容效应；需要检查线路和样品电极。如果样品电阻随激发电流变化很大，说明样品具有 I-V 特性。需要选择合适的电流，保证测量处在线性区；如果样品电阻随频率和激发电流变化不大，且锁相的噪声在正常范围内，说明线路正常，才可以开始进行测量。

使用 PPMS 自配的电阻测量模块，其电压噪声一般在 20～30nV 范围，而使用锁相放大器，噪声很容易就控制在 5nV 以内，并且测量速度可以 2 秒钟一个点。因此，使用锁相放大器测量电阻精度又高、速度又快。但是，正如上节说过的，要注意很多细节，否则，会有很多假信号进入测量系统。

各向异性电阻的测量：

科研过程中，我们常常会遇到需要测量样品的各向异性电阻。利用标准四线法测量各向异性电阻，虽然物理图像和测量简单，但是需要对样品形状进行设计。

例如，在制作样品时，长轴方向正好沿着某一个晶向，且样品的长宽比大于 10∶1 时，电场基本上是平行于样品的长轴方向的。此时，测量的是这个晶向的电阻。如果制成两个或三个沿着不同晶向的样品，就可以得到材料的各向异性电阻率了。

但是，如果样品无法制成这样的形状，甚至都无法制成长方形的，那么我们怎么办呢？ 我自己的经验是，对于各向同性的材料，可以采用范德堡任意形状法测量电阻率和霍尔系数；对于各向异性的材料，最好利用范德堡法衍生的其他测量方法来测量。这样做的好处是，测量图像清晰，容易处理。

2. 范德堡方法

范德堡电阻率测量方法：

对于一般具有各向异性的材料，其电场强度和电阻率及霍尔电阻率的关系可以表示为

$$E_1 = \rho_{11}i_1 + \rho_{12}i_2 + \rho_{13}i_3 + h_{12}i_2 - h_{13}i_3$$
$$E_2 = \rho_{21}i_1 + \rho_{22}i_2 + \rho_{23}i_3 - h_{21}i_1 + h_{23}i_3$$
$$E_3 = \rho_{31}i_1 + \rho_{32}i_2 + \rho_{33}i_3 + h_{31}i_1 - h_{32}i_2$$

其中，E 为电场强度；$\rho_{12}i_2$ 表示电流在 2 方向上，但是，对 1 方向的电场强度的贡献；$h_{23}i_3$ 表示电流在 3 方向上，但是霍尔电场在 2 方向上的分量。

但是，如果我们将样品沿着 [100] 方向制成长条形状，如图 1-2-3 所示。为了方便，x 方向记为 1 方向，y 方向记为 2 方向，z 方向记为 3 方向，则电场强度和电阻率及霍尔电阻的关系就简化为

$$E_1 = \rho_{11}i_1 \tag{1-2-2}$$
$$E_2 = \rho_{21}i_1 - h_{21}i_1 \tag{1-2-3}$$
$$E_3 = \rho_{31}i_1 - h_{31}i_1 \tag{1-2-4}$$

于是，我们可以得到 1 方向的电阻率。对于 ρ_{21} 和 h_{21} 及 ρ_{31} 和 h_{31}，我们可以通过改变磁场方向得到。

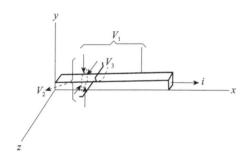

图 1-2-3 长方形样品的电流电压分布示意图

对于正向磁场，在 2 和 3 方向的电场强度公式为 (1-2-3) 和 (1-2-4)。

当给样品施加同样大小的反向磁场时，霍尔信号由负变正。

$$E_2 = \rho_{21}i_1 + h_{21}i_1 \tag{1-2-5}$$
$$E_3 = \rho_{31}i_1 + h_{31}i_1 \tag{1-2-6}$$

将 (1-2-3) 和 (1-2-5) 两个式子相加，就得到了 ρ_{12}，两个式子相减，就得到了 h_{12}；将 (1-2-4) 和 (1-2-6) 两个式子相加，就得到了 ρ_{13}，两个式子相减，就得到了 h_{13}。从而得到了电流沿 1 方向时，在 1、2、3 方向产生的电场强度。

请注意这里暗含的条件是：磁阻是随磁场偶对称的，霍尔电压随磁场是奇对称的。

按照此方法，同样制作沿着 2 和 3 方向的样品，可以得到样品的各向异性电阻和霍尔系数（这其实是标准四线法测量各向异性电阻的详细分析）。

但是，如果样品很小，无法制成这样的形状，而实际上我们也经常生长出一个不规则的薄片单晶。那么，我们就利用范德堡任意四点法来测量样品的电阻率。

范德堡任意四点法：要求样品厚度是均匀的，且没有孔洞。

如图 1-2-4 所示，样品平面法线与晶体的 a、b、c 三个方向的方向余弦分别为 l_1、l_2、l_3。在平面上任意点 4 个点 A、B、C、D，要形成一个环路。

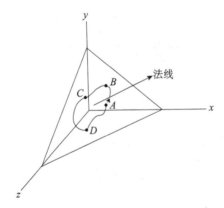

图 1-2-4　范德堡任意四点法示意图

我们直接引入范德堡的公式，

$$\exp\left(\frac{-\pi R_{AB,CD}t}{\rho}\right) + \exp\left(\frac{-\pi R_{BC,DA}t}{\rho}\right) = 1 \qquad (1\text{-}2\text{-}7)$$

为了简便和实际，我们定义片电阻率，即 $R_s = \dfrac{\rho}{t}$。式（1-2-7）于是简化为

$$\exp\left(\frac{-\pi R_{AB,CD}}{R_s}\right)+\exp\left(\frac{-\pi R_{BC,DA}}{R_s}\right)=1 \qquad (1\text{-}2\text{-}8)$$

其中，R_s 是片电阻率；ρ 是电阻率；t 是样品厚度；$R_{AB,CD}$ 的含义是：电流由 A 点进入 B 点出来，D 点的电势减去 C 点的电势，得到的电势差与测量电流的比值，即 $R_{AB,CD}=(V_D-V_C)/I$。

通过两次测量，就可以得到样品的电阻率了。

霍尔系数，有如下公式：

$$R_{\mathrm{H}}=R_{AC,BD}-R_{AB,CD}+R_{BC,DA} \qquad (1\text{-}2\text{-}9)$$

$$R_{\mathrm{H}}=\frac{1}{t}(l_1\,h_{23}+l_2\,h_{13}+l_3\,h_{12}) \qquad (1\text{-}2\text{-}10)$$

其中，t 为片状样品的厚度；l_1、l_2、l_3 分别为样品平面法线与晶体的 a、b、c 三个方向的方向余弦；R_{H} 是通过测量得到的霍尔电阻；$R_{AB,CD}$ 等的含义与式（1-2-8）一样。

对于各向同性的样品，h_{23}、h_{13}、h_{12} 是一样的，所以，通过式（1-2-9）得到 R_{H}，再除以磁场就得到霍尔常数 K 了。霍尔常数再乘以样品厚度，就得到霍尔系数了（van der Pauw L J，1961）。

对于各向异性的样品，我们用 J. D. Wasscher 方法（Wasscher J D，1961），会更简便。Wasscher 将范德堡的由各向异性转换为各向同性方法进一步细化，成为人们常用的各向异性电阻的测量方法。该方法处理简单、图像清晰，但是，对样品和电极有些要求。

3. J. D. Wasscher 法

J. D. Wasscher 方法对测量条件的要求是：电极间距 S，且是等距离的；样品的平面较大（也就是样品边缘到电极的距离要远大于 S，以保证在电极区域内，电场分布是均匀的）；样品是均匀的（也就是样品不能有空洞或杂质等，否则，电场分布不是均匀的了）。样品分薄、厚两种情况，测量平面需要是晶体的 ab 面，其中，晶向 a 就是 X_1 方向，也简称 1 方向，晶向 b 记为 X_2 方向，也简称为 2

方向。测量的电流、电压电极有两种接法，一种是四点均布一线法，另一个是四点方形环路法。

四点均布一线法

如图 1-2-5 所示，J. D. Wasscher 推导出电阻率与测量电压、电流及形状的关系为

（A）厚样品：
$$V_{\mathrm{A-1-12}} = \frac{1}{2\pi} \frac{I}{S} \sqrt{\rho_2\, \rho_3} \qquad (1\text{-}2\text{-}11)$$

（B）薄样品：
$$V_{\mathrm{B-1-12}} = \frac{\ln 2}{\pi} \frac{I}{W} \sqrt{\rho_1\, \rho_2} \qquad (1\text{-}2\text{-}12)$$

其中，I 为电流大小；S 为电极间距；W 为薄样品的厚度；ρ_1 表示晶向 a 方向的电阻率；$V_{\mathrm{A-1-12}}$，A 代表第 A 方案图，1 表示沿着 X_1 方向的电流电压测量，12 表示是在 ab 面内测量。

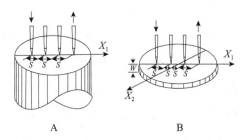

图 1-2-5　四点一线法示意图（箭头表示电流的进出）

对于厚的样品，沿着 X_1 方向，测量一次电压电流关系；再沿着 X_2 方向测量一次电压电流关系。利用式（1-2-11），将两次结果相比，就得到了 a、b 两方向的各向电阻率之比。如果再能制成薄样品，再利用式（1-2-12），就可以得到样品第三个方向的电阻率了。

对于只能生长成为薄片的样品，这种连线测量方法只能得到 a、b 两方向的电阻率之积。所以，还需要四点方形回路法及式（1-2-14）来辅助才行。

四点方形回路法

其电极形状如图 1-2-6 所示。

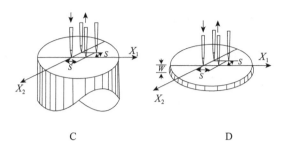

C　　　　　　　　　　　D

图 1-2-6　四点方形回路法示意图（箭头表示电流的进出）

J. D. Wasscher 推导出电阻率与测量电压、电流及形状的关系为

（C）厚样品：$V_{C-1-12} = \dfrac{1}{\pi} \dfrac{I}{S} \left[1 - \left(1 + \dfrac{\rho_1}{\rho_2} \right)^{-\frac{1}{2}} \right] \sqrt{\rho_1 \rho_3}$　　　（1-2-13）

（D）薄样品：$V_{D-1-12} = \dfrac{1}{2\pi} \dfrac{I}{W} \ln \left(1 + \dfrac{\rho_1}{\rho_2} \right) \sqrt{\rho_1 \rho_2}$　　　（1-2-14）

其中，I 为电流大小；S 为电极间距；W 为薄样品的厚度；ρ_1 表示晶向 a 方向的电阻率；V_{C-1-12}，C 代表第 C 方案图，1 表示沿着 X_1 方向的通电流，12 表示是在 ab 面内测量。

对于厚的样品，沿着 X_1 方向，测量一次电压电流关系；沿着 X_2 方向，再测量一次电压电流关系，利用式（1-2-13），将两次结果相比，就得到了 a、b 两方向的各向电阻率之比。如果再能制成薄样品，再利用式（1-2-14），就可以得到样品三个方向的电阻率了。

对于只能生长成为薄片的样品，我们需要用四点均布一线法（B 图）和四点方形回路法（D 图）各测量一次，而后利用式（1-2-11）和（1-2-14）计算出 a、b 两方向的电阻率来。

附注：文献中强调：四点方形回路法对样品的各向异性更敏感。所以，尽可能用这个方法。感兴趣的读者，可以参考文献（Wasscher J D，1961）。（此文献中公式的下标过于简洁，我和物理所的单磊研究员研究了 2 小时，才明白。特此感谢单磊！）

4. H. C. Montgomery 法

对于一些能够制成矩形薄片的样品，我们可以利用 H. C. Montgomery 法来测量计算出其各向异性电阻率。这个方法会更简单实用。下面我将这个方法介绍给大家。详细的内容，请参考文献（Montgomery H C，1971）。

该方法的具体过程为：将已知晶向的样品，制成矩形的薄片形状。长、宽、厚分别为 l_2、l_1 和 l_3。其中，l_1 和 l_2 分别平行于晶体的两个晶向，而测量的电阻率也是这两个方向的。电流电压测量方式如图 1-2-7 中的插图所示。

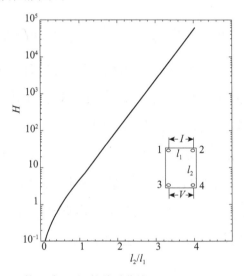

图 1-2-7　函数 H 与 l_2/l_1 的关系曲线（Montgomery H C，1971）

当电流由 1 点进入 2 点流出，同时测量 3、4 之间的电压差 V 时，记作 $R_1 = V/I$；当电流由 1 点进入 3 点流出，同时测量 2、4 之间的电压差 V 时，记作 $R_2 = V/I$。现在，测量完毕，剩下的就是如何计算电阻率了。

对于各向同性的样品，文献中给出的是 Logan、Rice 和 Wick 推导出的电阻率关系：

$$\rho = H \cdot E \cdot R_1 \tag{1-2-15}$$

其中，ρ 为电阻率；H 是 l_2/l_1 的函数；E 为有效厚度。当 $(l_3)^2 \ll l_1 l_2$ 时，E 即为 l_3。

从图 1-2-8 可得出 E 与 l_2，l_1 和 l_3 的关系。显然，当 $\dfrac{l_3}{(l_1 l_2)^{\frac{1}{2}}} < 0.2$ 时，E 就等于 l_3（我们实际测量时，尽可能使样品尺寸满足这个条件）。

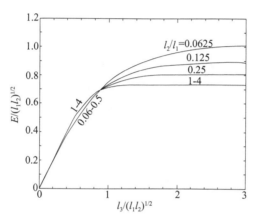

图 1-2-8　有效厚度参数 E 与样品尺寸的关系（Montgomery H C，1971）

还有另一个参数 H，也就是 l_2/l_1 的函数，知道它才可以计算电阻率。我们虽然可以通过图 1-2-7 直接查出 H 是多少，但是，那样误差太大了。文献中也给出了具体的数值，如表 1-2-1。大家可以根据数据制作样品，那样，H 数值就很容易确定了。

表 1-2-1　参数 H 与 l_2/l_1 比值的关系表（Montgomery H C，1971）

l_2/l_1	0.25	0.5	0.666 7	1.0	1.5	2.0	4.0
H	0.320 7	0.891 1	1.562	4.531	21.86	105.1	56 300.0

对于各向异性材料电阻率的计算。很显然，R_1 和 R_2 两次电阻测量时，电场是重新分布的，因此其比值与 $l_1 l_2$ 的长度有关。通过图 1-2-9 也证明了这一点。那么，如果我们将测量的两次电阻 R_1 和

R_2，按照各向同性材料的性质推导出其应该的长、宽、厚（l'_1、l'_2、l'_3），那么，（l'_1、l'_2、l'_3）与（l_1、l_2、l_3）的差别，就反映了材料的各向异性电阻率了！这就是计算电阻各向异性的思路。

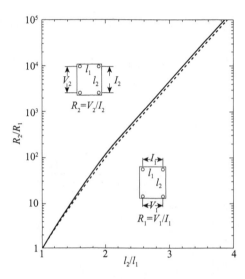

图 1-2-9　R_2/R_1 与 l_2/l_1 的关系曲线，其中实线对应薄样品，
虚线对应厚样品（Montgomery H C，1971）

表 1-2-2　图 1-2-9 中 R_2/R_1 在不同厚度下的修正系数（Montgomery H C，1971）

$\dfrac{l_2}{l_1}$	$\dfrac{l_3}{(l_1 l_2)^{\frac{1}{2}}}$			
	0.6	1.0	2.0	∞
1.5	1.016	0.994	0.973	0.973
2.0	1.029	0.990	0.951	0.950
4.0	1.057	0.978	0.886	0.881

各向异性样品的长、宽、厚 分别为 l'_1、l'_2、l'_3；电阻率为 ρ_1、ρ_2、ρ_3。转换等效各向同性材料的关系为

$$l_i = l'_i \left[\frac{\rho_i}{\rho} \right]^{\frac{1}{2}} \tag{1-2-16}$$

$$\rho^3 = \rho_1 \rho_2 \rho_3 \tag{1-2-17}$$

其中，$i=1$，2，3；各向同性等效后的长、宽、厚分别为 l_1、l_2 和

l_3；电阻率为 ρ。

从式（1-2-16），可以得到

$$\left(\frac{\rho_2}{\rho_1}\right)^{\frac{1}{2}} = \left(\frac{l_2}{l_1}\right) \cdot \left(\frac{l'_1}{l'_2}\right) \tag{1-2-18}$$

由式（1-2-15）、式（1-2-16）、式（1-2-17），对于薄样品（$(l_3)^2 \ll l_1 l_2$），可以得到

$$(\rho_1 \rho_2)^{\frac{1}{2}} = H l'_3 R_1 \tag{1-2-19}$$

在式（1-2-18）和式（1-2-19）中，l'_1、l'_2、l'_3 和 R_1 是通过测量直接得到的；l_2/l_1 的比值是通过测量的电阻值 R_1 和 R_2 相比，再从图 1-2-9 及表 1-2-2 得到的；H 是由 l_2/l_1 的比值，通过图 1-2-7 及表 1-2-1 得到的。至此所有参数具备，我们可以直接计算得出 ρ_1、ρ_2 来！

最后请注意：当样品是对称性较高时，如四方相，这时往往 a 和 b 方向电阻率一样。所以，只需要有 c 方向和 a、b 任意一个方向的电阻率，就可以表征其性质了。

但是。如果是正交相的样品，则还需要制作另一个方向的样品才好；对于单斜或三斜的样品，由于其电阻率需要更多的维度才好表征，这种方法，就不太适合了。

附 1. 方形样品测量实例

因为实际科研中，大部分薄膜样品是成方形的。所以，利用 H. C. Montgomery 法，可以简单地测量出电阻率来。

首先，要确认样品是各向同性的、均匀的。其次，样品的厚度要远远小于样品的边长。然后按照图 1-2-7 中插图所示制作电极，测量 R_1 的电阻值。此时，H 的值为 4.531，E 为样品的厚度，于是，利用式（1-2-15）就可以得到样品的电阻率了。

也有人利用 1、4 作为电流端，2、3 作为电压端，从而测量霍尔信号。测量图像和标准霍尔 bar 法是一样的。$V_{2,3}$ 测量到的也是

包含正常电阻、磁阻和霍尔信号的所有电压信号。一般通过正、负磁场下分别测量而后相减，来扣除掉正常电阻和磁阻的贡献，最终得到霍尔信号。

但是，我个人不建议用这个方法测量霍尔。因为：第一，为了减小电极的误差，这个方法要求样品的形状较大，如 10mm²。这么大的薄膜样品，很有可能不是均匀的。而这种不均匀性对霍尔测量影响是巨大的。第二，在某些情况下，磁场会改变电场的分布，上述公式需要修正才能适合。第三，两个霍尔电压电极之间的不对称度可能很高，因此，正常电阻会比较大，也会影响霍尔测量精度。

所以，如果只是定性地测量霍尔信号，或者样品肯定均匀且霍尔信号足够大，这个方法或许还可以；但是如果严格的话，最好不用这种测量方法。

附 2. 电极对测量精度的影响

我们制作的电极，会与理想的位置有一定的位移。该位移在范德堡法测量中会引入系统误差。误差的大小参见表 1-2-3。供大家参考。其中，d 为电极与理想位置的偏移距离，D 为圆形样品的外径或方形样品的边长。

表 1-2-3　电极位移对测量精度的影响 (Daniel W K, 1989)

Desired accuracy	Circle (d/D)	Cloverleaf (d/D)	Square (d/D)
$\frac{\Delta\varrho}{\rho}<1\%$	0.059	0.26	0.19
$\frac{\Delta R_{\mathrm{H}}}{R_{\mathrm{H}}}<1\%$	0.004	0.027	0.048
$\frac{\Delta\varrho}{\rho}<0.1\%$	0.019	0.083	0.10
$\frac{\Delta R_{\mathrm{H}}}{R_{\mathrm{H}}}<0.1\%$	0.000 4	0.002 7	0.015

三、恒压法测量大阻值电阻

在本章第一节中提及过，由于一般的电压表，都有一个 10MΩ 的"浮地电阻"；所以，当测量样品的电阻大过 1MΩ 以后，用普通的电压表，就会有电流通过"浮地电阻"溜走，从而导致经过样品的电流与我们外部施加的电流有所不同。

所以，对于电阻值达到 1MΩ 以上的样品，一个最简单的测量方法就是恒压法测量电阻。

恒压法测量电阻，如图 1-2-10 所示，对待测样品加一个稳恒的电压，而后测量经过样品的电流。最后通过电压除以电流得到电阻。

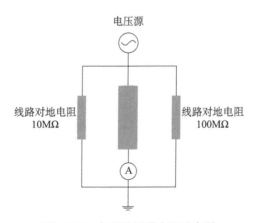

图 1-2-10　恒压法测量电阻示意图

虽然样品和地之间有并联的电阻，但是因为是恒压模式，所以样品这一路上的电压是稳定的。因此，只要测量出样品的电流，就能得到样品的电阻了。此时，测量的电阻包含了接触及引线的电阻。但是，由于它们一般远远小于样品电阻，因而可以忽略。

注意事项：测量样品电流的电流计，一定在样品和低端之间。

以确保流经样品的电流，全部流过电流计。如果放在高端，电流计也可能包含了其他并联电路的电流了。

第三节　霍尔信号的测量

一、霍尔效应及注意事项

首先，让我们先了解一下什么是霍尔效应。如图 1-3-1 所示，在一块长方形的样品上，沿 y 方向上通入电流 I，在垂直样品平面的 z 方向上加一磁场 B，则在 x 方向上，即垂直于电流和磁场的方向上，会产生电位差 U_H，这个现象称为"霍尔效应"。其中，U_H 称为"霍尔电压"。U_H 与电流强度 I 成正比，与磁感应强度 B 成正比，与薄片的厚度 d 成反比，即

$$U_H = R_H \frac{I_H B}{d} \tag{1-3-1}$$

其中，R_H 叫作霍尔系数，反映材料霍尔效应的强弱。

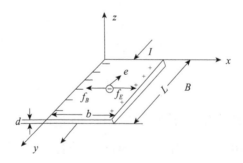

图 1-3-1　霍尔效应初步理解示意图

霍尔效应的物理图像可以简单地理解为：漂移运动的电子，在垂直磁场的作用下，因受洛伦兹力而产生偏转，结果在样品两侧造

成电荷积累。由此产生的横向电场所引起的漂移电流和洛伦兹力产生的偏转电流正好抵消时，系统进入稳定态。

如图 1-3-1 所示，样品的厚度为 d、宽度为 b、长度为 L，磁场 B 沿 z 轴正方向。当电流沿 y 轴正方向通过样品时，若样品中的载流子（设为自由电子）以平均速度 v 沿 y 轴负方向作定向运动，所受的洛伦兹力（f_B）为

$$f_B = ev \times B$$

其中，e 为电子电荷；v 为电子的运动速度；B 为磁感应强度。

在 f_B 的作用下自由电子受力偏转，结果是电子在样品左侧面积聚。相应的在样品平面右侧上出现同数量的正电荷。这样就形成一个沿 x 轴负方向上的横向电场。现在，自由电子受到两个力的作用：一个是沿 x 轴负方向上的洛伦兹力 f_B，另一个是 x 轴正方向的电场力 f_E。

$$f_E = eE = e\frac{U_H}{b}$$

其中，e 为电子电荷；E 为霍尔电压在样品 x 方向上产生的电场强度；b 为样品宽度；U_H 为霍尔电压。

所以，当两个力大小相同时，电子受力平衡，达到稳定态。即

$$f_E = f_B$$

由此，考虑到 $I = dbnev$，从而可以轻易推导出

$$U_H = \frac{1}{ne}\frac{IB}{d} \tag{1-3-2}$$

其中，n 为载流子浓度；e 为电子电荷；I 为电流强度；B 为磁感应强度；d 为样品厚度；$\frac{1}{ne}$ 即为前述的霍尔系数 R_H。（所以，霍尔系数常用于计算载流子浓度。）

为了更方便地计算一个霍尔器件的霍尔电压与磁场、电流的关

系，我们引进一个重要参数，霍尔常数 K_H，$K_H = \dfrac{1}{ned}$，则式（1-3-2）可写为

$$U_H = K_H B I \qquad\qquad (1\text{-}3\text{-}3)$$

其中，K_H 称为霍尔常数，反映霍尔元件的灵敏度的。这个公式更便于记忆，也更常用。

以上是一般的简单理解，在实际的科研中，还要注意更多。

1. 成立的条件

上述的模型只是在弱场条件下才成立的。也就是只在弱场条件下，霍尔系数 R_H 才与磁场无关。

弱场条件是：$\mu B \ll 1$，即迁移率和磁感应强度之乘积远远小于 1。一个更实用的表示为

$$B \ll \dfrac{\dfrac{10^5\ \mathrm{cm}^2}{VS}}{\mu}\,(\mathrm{kGs})$$

其中，μ 为迁移率，单位是 kGs。通过这个公式，人们可以简单估算，在什么情况下，霍尔电压与磁场不再是线性关系，因此不能再用霍尔系数来描述材料性质了。

2. 霍尔因子修正

如图 1-3-1 所示的电流，我们只是认为所有运动的电子都是一样的。但实际上，他们的能量和动量不是一样的，而是按照某个分布函数分布的。又由于不同能量的电子，晶格对其散射可能是不一样的，从而造成不同能量的电子达到霍尔平衡的状态是不一样的。因此，需要进一步修正，才可以更准确地描述。

晶格对电子的散射，一般用弛豫时间 τ 来表述。弛豫时间可以理解为：电子被散射两次之间的平均时间。

所有电子的平均弛豫时间，也就是 $\langle\tau\rangle$ 的关系式为

$$\langle\tau\rangle = \frac{\int \tau(\varepsilon)g(\varepsilon)f(\varepsilon)\mathrm{d}\varepsilon}{n} \tag{1-3-4}$$

其中，$\tau(\varepsilon)$ 为弛豫时间随能量的函数关系；$g(\varepsilon)$ 为能态密度；$f(\varepsilon)$ 为费米分布；n 为电子浓度。

对霍尔系数修正的因子 r_H 称为霍尔因子，其函数关系为：$r_H = \frac{\langle\tau^2\rangle}{\langle\tau\rangle^2}$。其中，平均算符与式（1-3-4）中含义是一样的。一般情况下，晶格对电子散射概率随能量变化不大的，r_H 近似为 1。

修正后的霍尔系数和载流子的关系为 $R_H = \frac{r_H}{ne}$。所以，我们利用霍尔系数和电导率两个参数相乘，得到的迁移率是霍尔迁移率，它和实际的迁移率相差一个霍尔因子 r_H，即 $R_H \cdot \sigma = r_H \cdot \mu = \mu_H$。

迁移率的定义：单位电场下，载流子的平均漂移速度（在本章第六节会有更详细的介绍）。

（附：相关详细内容，请参考叶良修老师编著的《半导体物理学》（1987））

3. 两种载流子的情况

当体系里有两种载流子时，也就是既有空穴、也有电子作为载流子时，霍尔信号会怎么样呢？

一般情况，这两种载流子的弛豫时间有相同的函数关系（因为它们处在同一个晶格中），所以，它们的霍尔因子相同。这时，霍尔系数由两种载流子的浓度和迁移率共同决定。如式（1-3-5）和（1-3-6）的形式。

$$R = r_H \frac{p\mu_p^2 - n\mu_n^2}{(p\mu_p + n\mu_n)^2}\frac{1}{e} \tag{1-3-5}$$

$$R = r_{\mathrm{H}} \frac{p - nb^2}{(p + nb)^2} \frac{1}{e} \tag{1-3-6}$$

其中，p 为空穴的浓度；n 为电子的浓度；r_{H} 为霍尔因子；b 为电子和空穴的迁移率之比，即 $b = \frac{\mu_n}{\mu_p}$，一般，电子的迁移率高于空穴的迁移率，所以，$b > 1$。

在本征的情况下，$n \approx p$，所以式（1-3-6）可以进一步简化：

$$R = r_{\mathrm{H}} \frac{1 - b^2}{(1 + b)^2} \frac{1}{ne} \tag{1-3-7}$$

由于一般情况下，$b > 1$，所以 R 总是负值。对于 p 型材料，当 $p > nb^2$ 时，由式（1-3-6）可知，R 是正值的。因此，材料由饱和区向 p 型本征区过渡时，R 将经历一次变号。

总之，当有两种载流子时，情况会变得复杂，不能够从霍尔系数直接得到载流子浓度和迁移率等参数了。

（附：相关详细内容，请参考叶良修老师的《半导体物理学》（1987））

4. 载流子偏转方向

在实际测量过程中，经常有学生会弄混载流子的偏转方向，因而在确定测量的霍尔电压代表什么型的载流子时，进入混乱状态。

其实，我们只要记住"**无论是 p 型还是 n 型载流子，都是朝着同一个方向偏转**"就可以了。对于 p 型载流子，正电荷跑到一侧，所以这一侧的电势高于另一侧。此时，霍尔电压是正的；对于 n 型载流子，负电荷还是跑到这一侧，所以，这一侧的电势低于另一侧，此时，霍尔电压是负的。

二、霍尔电压测量的干扰项

在我的工作中，发现得到一个可信的霍尔电压还是很困难的。

不仅需要很多测量的技巧和耐心的准备，并且还需要很清晰的思路，才能将霍尔信号提取出来。这是因为：霍尔电压是垂直于电流方向的电压。但是，很多种情况，都会在这个方向上产生电压。如果不能将它们区分开来，那么，测量的电压很可能不完全是霍尔信号！

霍尔信号的测量，一般采用霍尔 bar 的电极形式。如图 1-3-2 所示。其中，I_+ 和 I_- 是一组电流引线；V_+ 和 V_- 是一对电压引线，反映样品电阻大小的。我们定义样品电阻 $R_{XX} = \dfrac{V_+ - V_-}{I}$，定义 $V_{XX} = V_+ - V_-$；$V_{\text{hall}+}$ 与 $V_{\text{hall}-}$ 是一对电压引线，测量的是霍尔电压的，我们定义霍尔电压为 V_{XY}，表示电流沿 X 轴方向，而电压在 Y 方向，因此，霍尔电阻定义为 $R_{XY} = \dfrac{V_{\text{hall}+} - V_{\text{hall}-}}{I}$。（请注意，$V_+$ 和 $V_{\text{hall}+}$ 其实是一条引线。一般实际制作时，还会在 V_- 的正上方也做一个电极，作为备用。此为霍尔 bar 六线法。）

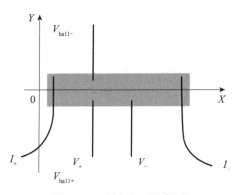

图 1-3-2 霍尔 bar 示意图

下面，我们逐一列举：什么情况会导致非霍尔效应的信号，也进入 V_{XY} 测量线路。

1. 正常电阻

有些材料，在晶向 a 方向加一个电场时，在晶向 b 方向上就会有电压产生。产生这种现象的原因，主要是电导率的各向异性和电偶极矩的偏转。电导率的各向异性本质是：在不同方向上，晶格场对载流子的散射概率不同。如果在晶向 a 方向上，载流子受到很强烈的散射，而在晶向 b 方向上却少很多，自然导致载流子偏向 b 方向。于是导致样品两侧会有电势差。电偶极矩在电场下会偏转，因此导致电荷分布在两侧不相等，从而产生了电压差。所以，为了表达准确，人们用二阶张量来描述材料的电阻率或电导率性质。这部分电压信号，我们记为 V_{XYN}。

2. 不等位效应

由于制作工艺技术的限制，霍尔元件的电极不可能接在同一等位面上。如图 1-3-3 所示。V_{hall+} 的虚线是和 V_{hall-} 是等电位的，而实线是实际的测量线。因此，当电流 I_H 流过样品时，即使不加磁场，两电极间也会产生一电位差，称不等位电位差 V_{XXH}。

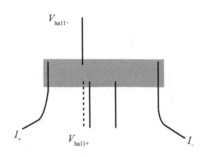

图 1-3-3　霍尔电极不对称示意图

由于 V_{XYN} 和 V_{XXH} 都是材料本身的性质，一般与电流强度成线性关系，与磁场是单调关系，因此，可以用同一个方法处理。

处理的方法是：固定温度改变磁场，测量样品正常电阻电压 V_{XX} 和霍尔电压 V_{XY}，得到两条曲线，即 V_{XX}-H 和 V_{XY}-H。磁场为 0 时的 V_{XY} 即为 V_{XXH}。将 V_{XX} 的整条曲线乘以某个系数，使 V_{XX} 在 0 磁场时的值与 V_{XXH} 一致。新得到的曲线作为整体背景。用 V_{XY} 与磁场的曲线减去这条新曲线，得到的就是霍尔电压随磁场的关系曲线。

这是研究量子霍尔信号时常用的方法。

但是，当有样品有强烈的各向异性时，也就是有 V_{XYN} 时，由于 V_{XYN} 随磁场的函数关系与 V_{XX} 可能是不一样的，所以，这样处理并不能消除 V_{XYN} 的影响。

通过观察"得到的霍尔信号是否是关于磁场严格对称的"，可以判断出是否有 V_{XYN} 的影响。如果是严格奇对称的，说明没有 V_{XYN} 的影响；如果不是奇对称的，说明有 V_{XYN} 的影响。这是因为，一般 V_{XYN} 的信号是偶对称的，而霍尔信号是奇对称的。

如果有 V_{XYN} 的影响，通过正负磁场的电压信号相加，可以得到二倍 V_{XYN} 随磁场的关系；通过正负磁场的电压信号相减，可以得到二倍霍尔信号。

3. 温差引起的相关效应

（1）埃廷豪森效应（Etinghausen effect）：由于霍尔片内部的载流子速度服从统计分布，有快有慢，所以它们在磁场中受的洛伦兹力不同，则轨道偏转也不相同。动能大的载流子趋向霍尔片的一侧，而动能小的载流子趋向另一侧，随着载流子的动能转化为热能，使两侧的温升不同，形成一个横向温度梯度，引起温差电压 U_E。U_E 的正负与 I_H、B 的方向有关。

（2）能斯特效应（Nernst effect）：在样品两端有温度差时，出现热扩散电流。该电流在磁场的作用下，建立一个横向电场 E_N，因而产生附加电压 U_N。U_N 的正负仅取决于磁场的方向。

（3）里吉-勒迪克效应（Righi-Leduc effect）：由于热扩散电流的载流子的迁移率不同，类似于埃廷豪森效应中载流子速度不同一样，也将形成一个横向的温度梯度而产生相应的温度电压 U_{RL}，U_{RL}

的正、负只与 B 的方向有关，和电流 I_H 的方向无关。

总之，在测量霍尔效应时，一定要确保样品温度是均匀的。否则，就会有其他效应产生的电压信号混入霍尔电压信号内。

根据我的工作经验，我总结、收集了几个测量霍尔信号的方法和具体步骤。下面列举出来，以方便读者。

三、霍尔信号测量方法及注意事项

1. 简易快速变温霍尔测量法

在实验中，人们往往希望快速地了解一下新材料的霍尔性质随温度的变化。所以，**简易快速变温霍尔测量法便应运而生。**

第一步，我们选取霍尔 bar 形式制作样品及电极，如图 1-3-2 所示。这样，我们可以同时测量霍尔和磁阻信号。磁阻信号不仅可以用于扣除霍尔信号内的背景信号，还能结合霍尔信号计算出样品的霍尔迁移率。

霍尔电压测量线，制作的尽量要对称。这是为了减少不对称电阻带来的影响。另外，采用交流法测量可以消除掉接触电势的影响。安装好样品后，要调试、设定合适的测量电流和频率。

第二步，从室温快速降温，同时测量电阻随温度关系。（只需快速降温，大致测量一个基本特征就可以。通过这条曲线，只是初步判断：可以测量的温度范围，是否有相变等。）

第三步，将样品稳定在需要测量的最低温度上，而后改变磁场，测量磁阻和霍尔电压曲线。

观察磁阻曲线是否是偶函数对称的。如果是的话，直接进入第四步；如果不是的话，继续加大磁场测量，直到确定出磁阻是偶对称的为止。如果磁阻一直不是偶对称的，此方法不适合了，只好采取定温霍尔测量法了。

观察霍尔电压随磁场的曲线，判断是否奇对称部分（因为霍尔信号随磁场是奇对称关系的）。如果测量的霍尔曲线是偶对称的，说明霍尔信号太弱，淹没在 V_{XXH} 的噪声里了。需要重新制样品或样品的霍尔电极，直到能看出有霍尔信号为止。（制作样品的思路：样品越薄，霍尔信号 V_{XY} 越大；霍尔电极对的越正，V_{XXH} 的值越小。）

第四步，确定一个合适的磁场 $+B_0$，而后升温测量霍尔电压和磁阻随温度的变化曲线。这时，升温速度要慢些，一般不要快于 2K/min。（建议一般不要低于 5T，因为这个磁场比较容易实现，也较安全；另外如果磁场太小的话，样品感受到的实际磁场，受剩余磁场的影响较大；再有，霍尔信号也会太小而不好测量。）

第五步，到达室温或需要的温度后，将磁场退掉。还是 ZFC（zero field cooling）再次降到需要的最低温（目的是保证两次降温的条件相同）。

第六步，反向加磁场（也就是 $-B_0$），而后同样速度升温测量霍尔电压和磁阻。

第七步，将 $+B_0$ 的霍尔电压数据减去 $-B_0$ 的霍尔电压数据。再将得到的数据除以 2，便是霍尔电压随温度的变化曲线了。

由 $V=KBI$，$K=(ned)^{-1}$，就可以得到载流子的浓度随温度的关系了。其中，K 霍尔常数；B 为磁感应强度；I 为电流强度；d 为样品的厚度；e 为电子电荷电量；n 为载流子浓度（这里指的是多数载流子和少数载流子共同作用的效果）。

这个方法的优点是：能够快速得到一条霍尔信号随温度的曲线。缺点是：设定的磁场 $+B_0$ 和 $-B_0$ 绝对值不会完全相等，而该方法是按照相同处理的，因此引入了一定的误差。另外，两条升温曲线，虽然是缓慢升温，但还是会有一点温差的。

弥补这两个缺陷的方法是采用"定温霍尔测量法"进行一些温度点的霍尔测量。

2. 定温霍尔测量法

定温霍尔测量法，顾名思义，就是在固定温度点进行霍尔测量。样品和电极的制成如图 1-3-2 所示霍尔 bar 的形状。同时测量 V_{XY} 和 V_{XX}。

第一步，安装好样品后，选择合适的测量电流和频率。

第二步，将样品稳定在需要测量的温度，而后改变一系列磁场，进行霍尔和磁阻的测量。如果只是测量霍尔系数，磁场间隔 5000Gs，一般测量到 ±5T 就可以了。

第三步，将 V_{XX} 乘以一个系数，得到一条新曲线。系数的选择是使 V_{XX} 在 0 磁场时的值和 V_{XY} 的值相同。而后用 V_{XY} 随磁场的曲线减去刚刚得到的新曲线。这时，得到了 21 个数据点，这些点正好连成一条直线。这条直线的斜率就是 $V = KBI$ 中的 KI 乘积了。

这也是人们常用的霍尔系数测量方法，得到的霍尔系数比简易快速变温霍尔测量法更可靠，但是，也更消耗时间和耗费液氦。所以，最好在特殊的温度点才用这个方法。

3. 高精度霍尔测量法（五线法测量）

定温霍尔测量法，虽然快捷简单，但是，不对称电阻的噪声对霍尔测量还是有很大的影响。下面介绍高精度霍尔测量法，即人们常说的五线法。五线法测量，虽然可以进一步减小不对称电阻；但是，使用时极易出错，所以要格外小心！

第一步，如图 1-3-4 所示制作电极。

V_- 连接在滑动变阻器上，滑动变阻器两端分别连接 V_a 和 V_b。

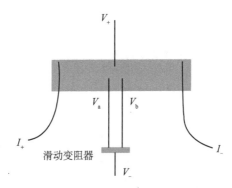

图 1-3-4　五线法霍尔测量电极示意图

而电压引线的 V_+ 要制作在 V_a 和 V_b 之间。

第二步，将样品稳定在需要测量的温度，并调试合适的测量电流和频率。设定磁场为 0，调节滑动变阻器，使 V_+、V_- 的电压差尽可能为 0 。（没有绝对的 0V，至少要调到是霍尔电压信号的千分之一。）

第三步，设定一系列磁场值，并在每个磁场稳定时，测量 V_+ 与 V_- 之间的电势差，得到一条 V-B 曲线。再通过公式 $V=KBI$ 得到霍尔常数。

这样，得到一个温度点的霍尔信号。在每个需要的温度点都这样测量，就可以得到霍尔系数随温度的曲线。

注意事项：

（1）由于接触电阻会随温度改变，致使原本调平衡的位置不再是平衡处，因此，在每个测量温度点都要调平衡才可以。

如图 1-3-5 所示，$R1$ 和 $R2$ 是电极与样品的接触电阻，$R3$ 和 $R4$ 是变阻器分开左右两端的电阻。当温度改变了，接触电阻 $R1$ 和 $R2$ 可能改变，因此导致 V_+ 和 V_- 不一样大小了。需要重新调节滑动变阻器才能使 V_+ 和 V_- 的值一样。**所以，这种方法不适合变温测量。**

同样道理，如果样品不均匀，电阻变化不一致，也会导致平衡

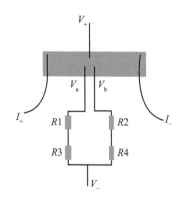

图 1-3-5　五线法霍尔测量等效图

点的改变。

（2）要注意滑动变阻器的分流。因为，滑动变阻器和样品是并联的。如果电阻值接近，就会分担样品的电流。从而导致通过样品的电流不是预期的电流值了。

（3）电极接触电阻一般不随磁场改变而改变。在这个条件下，我们才可以使用这个方法。但如果在接触电极区域，有磁性颗粒、或磁性薄膜，就要注意是不是有接触电阻随磁场的改变了！

总之，由于条件的复杂，在使用五线法时，要格外小心！

附：定温霍尔测量温度点的选择

显然，测量一个温度点的霍尔系数，需要较长的时间。一般约半小时吧。所以，选择一些特殊的温度点来测量，更是现实且常用的。

个人建议：常选的温度点是：室温 300K（这是为了便于工业上参考使用）；低温 2K 或 4.2K（这时霍尔信号一般会较高，另外，这也是液氦制冷系统通常能提供的温度。）；液氮温区 77K（这个温度工业上很容易实现）；再有就是相变温度前后几个温度点。

合理的选择是：用简易快速变温霍尔法测量一条曲线，在几个特殊的温度点进行定温霍尔测量。将定温霍尔测量的数据和变温曲线上的点进行比较，如果一致的话，进一步说明变温曲线是可靠的。

第四节 *I-V* 特性的测量

大多数材料，当统一稳恒电流 *I* 时，会产生一个相应的电压值 *V*。当改变电流大小时，电压 *V* 也会线性地变化。也就是电压除以电流是一个常数。我们称这个比值为该样品的电阻。

但是，对于如半导体材料或者在两种材料的接触区等情况，其通过的电流和两端电压并不是线性的关系。为了准确地表征该物理性质，以方便工业上使用，人们用 *I-V* 特性曲线来描述该物性。如二极管的 *I-V* 特性曲线（图 1-4-1），电压和电流就不是线性关系。如果简单地用电阻来描述，则很难将这个性质表述准确。

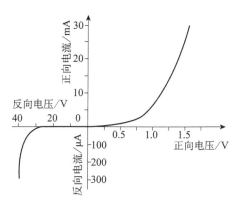

图 1-4-1 常见的二极管 *I-V* 特性曲线图

今天，随着微加工技术的不断发展，人们可以很容易地制造出各种隧道结，如超导隧道结、超导态-正常态隧道结、金属-绝缘体隧道结等。而表征这些隧道结电输运性质的，往往是 *I-V* 特性曲线。总之，*I-V* 特性曲线越来越多的用来表征材料或器件的性质。

I-V 特性曲线的测量，分为直流法和交流法两种。

一、直流法测量

这是常用的方法。一般采用标准四线法制作电极，可以是稳恒电流条件下测量电压；也可以是稳恒电压条件下测电流的测量方式。

直流法测量简单，但是，电压随电流微小的变化分辨不清楚，从图 1-4-2 可以看出来。

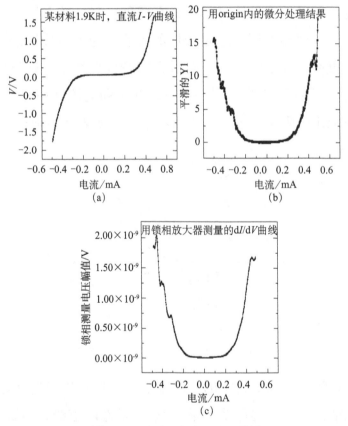

图 1-4-2　直流、交流 *I-V* 比较图

图 1-4-2（a），某材料在 1.9K 直流的 *I-V* 特性曲线；图 1-4-2

（b），利用数据处理软件 origin 内微分处理并平滑后得到的曲线；图（c），用锁相放大器测量的交流 dI/dV 曲线。

从图 1-4-2（b）和图 1-4-2（c）的对比，可以看出交流法 dI/dV 测量的结果更清晰。

所以，为了更精确地观察电压-电流变化，人们更喜欢使用交流法测量。

二、交流法测量

交流法（dI/dV）测量的具体过程是：给样品施加一个稳恒电流 I，在电流 I 上，叠加一个固定频率 ω 的小电流 dI，同时测量样品频率为 ω，电压 dV。改变稳恒电流 I 的值，就会得到一条 dI/dV-I 的曲线。

从测量方法上，我们可以看出，交流 dI/dV 法实际上测的是直流 I-V 曲线的一阶导数，也就是，反映 I-V 曲线的变化大小和方向。

由于交流 dI/dV 法测量过程是真实的物理过程，因此，细节会完全表现出来。而数值计算及处理过程，总是会丢失一些信息，所以，直接测量交流的 dI/dV 数据会比数据处理的结果清晰、准确许多。

另外，有的隧道结会产生振荡，或者能隙对应某频率。因此，对于某些频率的电磁波吸收或反射会强很多。所以改变交流电的频率进行测量，可以用于相关的物理研究。

I-V 特性测量接线如图 1-4-3 所示。

首先，要将直流电流源和交流电流源输入进加法器。这是因为，直流电流源的输出阻抗往往是电容型的，所以如果交流源和直流源直接连在一起，交流电信号会通过直流源的输出阻抗到地，而

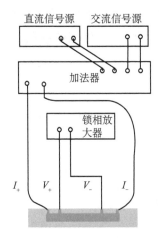

图 1-4-3   *I-V* 特性测量的接线示意图

不会进入样品了。俗话说：直流源将交流信号短路了。

其次，将经加法器混合的电信号输入给样品。同时，用锁相放大器测量交流信号的幅值及相位。在锁相放大器的输入端，要选择 AC 耦合模式，以屏蔽掉直流电压信号。

最后，逐步改变直流电源的电流大小，就可以得到交流 dI/dV 随电流 I 的变化曲线了。

第五节   门电压的使用

电场效应（electric field effect）常常称为场效应。最初是在半导体器件的研究中发现的，利用这种效应制作的器件称为场效应管。现在，场效应管已经成为人们日常生活的各种电器中必不可少的一部分了。

场效应代表的器件是三极管。通过它可以让我们简单、形象地理解其物理图像。

如图 1-5-1 所示，当基极的电流改变一点点，集电极的电流竟会改变几十倍！其原因是：基极的电场改变了发射极和集电极之间的 PN 结的有效厚度，从而使这个 PN 结的 I-V 特性发生巨大改变。

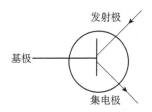

图 1-5-1   三极管示意图

随着新材料、新物理现象的发现及微加工技术的进步，场效应的应用越来越多。如高温超导、巨磁阻等材料在场效应的影响下，也会发生超导温度的改变和磁阻的巨大变化，从而为研究其机理和拓展应用方面有着重大作用！因此现在世界上很多课题组，都利用这种效应来开展科学研究。

场效应的实际作用是：通过电压调节使器件内部的载流子浓度发生改变。这就像一扇门一样控制着电子的进出，于是，人们又形象地称之为"门电压"调节。在电输运测量中，我们更习惯称为"门电压的作用"。

一、门电压的作用

通过门电压可以改变材料载流子的浓度，从而改变了其相关的其他物理性质。

现在，已经发现的现象有：利用门电压调节，可以使原本不超导的材料发生超导转变；巨磁阻在门电压的调节下，电阻发生巨大变化；二维电子气器件在门电压的调节下，量子振荡变得更容易等。

特点：另外一种改变样品电子浓度的方法是把其他元素掺入材

料内或者进行元素替换，从而材料的载流子浓度发生变化，这称之为"材料掺杂"法。

和材料掺杂法相比，门电压法更干净，更可信；但是，门电压电子浓度的调节力度相对较弱。这是因为，门电压法直接将电子耦合进入材料，而不改变材料的原子结构和位置，自然也不会改变材料内部的相互作用，因此其效果显得更干净和更可信。但同时，由于能耦合进入材料的电子数量也无法很多，如果样品内部的电子数量很高的时候，其影响就微乎其微了。

用途：研究物理机理，拓展材料的新功能。

材料的很多物理性质，都是由材料内部自由电子与晶格、与声子、与内层电子相互作用及电子-电子之间相互作用所决定的。所以，如果能大范围地调节材料内电子的浓度，其物理性质也会相应地改变。这就给我们进一步研究其物理性质提供了一个有力的工具。

另外，若一个材料在门电压的调节下会发生很强烈的物理性质的改变，人们则会利用这种效应，制作出各种器件来，以满足人们的生产、生活的需要，从而极大地改变我们的世界！

也是基于这些原因，国际上很多研究组专门利用门电压来进行物理研究，或者对门电压器件进行研究和探索。

二、门电压的使用

其实门电压使用还是很简单的。就是利用平行板电容器两端面会积存电荷的物理现象！当样品与电容板距离很近时，电容板上的电荷会进入样品内部或者与样品内部的电子发生相互作用，从而改变了样品内部电子的态密度、费米面的高度等性质。

所以，电容板积累的电荷越多，样品内部的电荷越少，样品内部电子浓度改变的也就越大。

电容板积累的电荷的多少，正比于电容和电压，即 $Q=CU$。

因此，我们只有增加电压差或电容值来增大积累的电荷。然而在实验过程中，我们一般能施加的电压在几百伏特的量级；再高的话，不仅有安全隐患，还会有放电、漏电现象，导致电容板上的电压并没有外部施加的那么大。所以，追求大电容的器件成为主要途径。

平行板电容器电容大小，正比于相对面积和介电常数，反比于间距，即

$$C = \frac{\varepsilon S}{d} \tag{1-5-1}$$

由于我们关注的是单位面积上的电荷数量，所以，只能从介电常数和样品厚度着手了。

现在，常作为门电压的材料有两种，SiO_2 和 STO（$SrTiO_3$）。SiO_2 是由单晶硅表面氧化而成的，因此可以长得很薄，也就是 d 很小；STO 是由于介电常数很大，在低温 4.2K，甚至到 2 万。因此，他们都能提供较大的电容值，而备受人们青睐。

如图 1-5-2 所示，这是 STO 作为门电压器件的示意图。STO 的上下两个端面作为平行板电容器的两个电极。在 STO 上面，是一层薄膜样品，一般制作四线法测量的测量电极。其中电流极的负端，同时作为公共的"地"电位。在 STO 下表面，需要镀一层金属作为电容板的另一极。

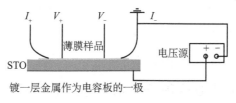

图 1-5-2　STO 作为门电压器件的示意图

电压源的输出端接在 STO 背电极上，而公共端接在样品的电流的负端。

调节电压源的输出电压，就可以调节 STO 上表面电荷的浓度和极性了，从而改变了样品内电子的浓度或电子态。

图 1-5-3 是二氧化硅作为门电压器件的示意图。使用原理和 STO 一样的。最下面的块材是高掺杂的硅片；硅片的上端面有一层约 2000Å 的二氧化硅层，此二氧化硅及其上下两个面构成了一个平行板电容器。在二氧化硅的上表面，是制作或生长的样品。

与 STO 的区别是：高掺杂硅具有一定的导电性，所以，常常不需要制作背电极，只需将电压源的输出端连接在硅主体上就可以了。但是，有时候（如在低温），高掺杂硅的导电性也变得很差，以至于沿着平面的电阻远大于纵向电阻，从而使整个硅衬底不是同一电位了。在这种情况下，还是要制作成如图 1-5-1 电极方式才可以。

图 1-5-3　二氧化硅作为门电压器件的示意图

三、门电压使用的注意事项

（1）**电容电荷是否能作用到样品电子系统。**常见的情况是：样品和电容板间的距离过大。这常发生在样品转移到门电压器件上的实验中。由于样品和门电压器件面的接触距离和面积差异很大，从而导致门电压的调节效果差异很大。如果通过镀膜方法生长在门电压器件上，往往不存在这种问题。

（2）**电容板两端是否等于施加的电压。**这种情况一般是衬底的电阻过大或者电容介质有漏电导致的。

（3）介电常数会随温度、频率和电场强度改变而改变。

（4）**注意击穿电压。**对于二氧化硅，击穿电场约 10MV/cm。由于二氧化硅很薄，所以，几十伏的电压就可能导致击穿。

（5）**进入的电荷能否改变样品的费米面。**这种情况是样品内部电子总数量很多，而通过门电压进入样品的电子数量相对太少，则对其物理性质改变不大。

总之，当我们调节门电压，在没有发现样品的电学性质有变化时，要首先考虑是否有电荷影响到样品内部的电子，而不要轻易下结论"该样品没有门电压效应"。

感兴趣的同学，可以参考文献（Ahn C H et al.，2006；2003）。

第六节 通过输运测量得到的几个常用物理学参数

一、电阻率的计算

原本这是一个很简单的计算，但是遇到过许多同学弄错或者方法不清晰，所以单列出来，以免同学们出错。

在采用标准四线法测量电阻时，事先就要把样品形状制备好（详细内容请参阅本章第二节）。对样品和电极额外的要求是：样品质地也要均匀，否则计算的电阻率没有意义。样品的厚度、宽度和两个电压电极之间的间距要能精准测量。测量的精度要在万分之一以上。因为，一般电性测量的精度可以达到万分之一，若是样品尺寸的精度只有百分之一的话，得到的电阻率的精度也就只有百分之几了。

  电压电极线位置的确定：我们制作的电极，总是有一定宽度的。一般在 $20{\sim}500\mu m$ 之间。常常选取电极中心线的位置，作为电压电极线对应的等势线。为了电极等势线确定准确，所以电极线的宽度制作得越细越好，且要尽可能垂直电场方向。

  电压电极间的距离：条件允许的情况下，要尽可能的大一些。因为，电压线位置的确定总有一定的误差（如 $2\mu m$），若是间距较大的话（如 20mm），就可以将相对误差控制在万分之一以内。

  环境的要求：由于电阻率的标定，有着严格环境要求，如温度、磁场等。所以，在文章中电阻率的数据应当是定温定磁场的数据。而在变温曲线中，最好注明是电阻率随温度的变化趋势或者是逐步定温测量的。

  计算的误差：由于我们的样品往往会很小，尺寸测量和确定带来的误差可能会很大。所以，电阻率的计算值和实际值可能有较大差距。但是，只需要一个系数就可以修正。所以，一般要在文章中说明，电阻率的由于尺寸的测量导致的误差级别有多大，以和测量误差区分开来。

  量纲：经常遇到有学生弄错，将电阻率的单位说成欧姆每米。由电阻公式 $R=\dfrac{\rho L}{S}$ 很容易推导出电阻率公式 $\rho=\dfrac{RS}{L}\sim\dfrac{\Omega\cdot m^2}{m}=\Omega\cdot m$，其量纲是 $\Omega\cdot m$。

  还有一些测量方法，直接得到的就是电阻率。在本章第二节中已经介绍了，不再赘述。

二、迁移率

1. 定义及含义

  人们在接触电学实验时，首先发现材料的物理性质是电阻率。

因此，大多数人把电阻率的图像弄得很清楚，并把电阻率作为材料的基本性质来描述。

但是，材料的电阻率，是由电子浓度和迁移率共同作用的结果。所以，迁移率才是更本征的物理参量。它反映了载流子的有效质量、寿命和被散射效果等物理性质。

迁移率的定义：单位电场下，载流子的平均漂移速度。常用量纲： $\dfrac{cm^2}{V \cdot s}$（即 $\dfrac{cm}{s} \div \dfrac{V}{cm}$）。

有效质量： 当自由电子进入材料内部后，就会受到声子、晶格场、其他自由电子、原子内层电子等的作用。这些作用的结果是"形成了一系列的、以能量 E 和波矢 k 来描述的电子态。电子只能在这些态上停留或跃迁"。外场的作用是"使电子在不同的电子态间跃迁"。

电子的速度可以通过公式 $v = \dfrac{1}{\hbar} \nabla_k E(k)$ 来理解。其中电子态能量 E 和波矢 K 的关系称为色散关系。若晶体中的色散关系已知的话，那么电子所有的运动行为都可以计算出来。

有的材料内电子很容易受外电场作用而发生变化，而有的材料又非常困难。为了简单描述，人们用"有效质量"来形象地说明。容易受外电场作用而变化的电子，有效质量则小；在同样大小的外电场作用下，变化小的电子，有效质量则大。这就和牛顿力学里的惯性质量类似了。

具体公式是

$$m^* = \frac{\hbar^2}{\dfrac{\partial^2 E(k)}{\partial k^2}} \tag{1-6-1}$$

这样就很容易理解有效质量了。其实质是反映电子态的能量和波矢变化关系的。通过式（1-6-1），在某些色散关系下，出现负的有效质量也是很自然的了。

动量散射：载流子在外场作用下被加速，当受到声子的散射后，动量发生变化，外电场的作用终止。两次散射之间的时间称为弛豫时间。所以，迁移率反映了声子与载流子的散射概率信息。

所以相同的材料，有效质量虽然相同，但是如果样品内的杂质或缺陷不一样，也会导致迁移率的不同。这是因为加速的载流子如果受到杂质、缺陷等碰撞，也会改变动量，从而影响了漂移速度的增加。

所以，迁移率又能够反映样品杂质或缺陷的多少。也因此，现在人们常常用迁移率来表征材料的纯净度了。

载流子的寿命：在半导体中，载流子是低于能隙的电子受声子或光子激发而产生的。过一段时间，该电子会复合，回到原来的能级。这段时间，称为载流子的寿命。当载流子的寿命较短时，迁移率还受限于载流子的寿命。

以上，是迁移率反映的主要物理信息。

2. 迁移率的计算

在计算迁移率时，分一种载流子和两种载流子两种情况。

一种载流子时：

通过测量霍尔系数 R_H 和电导率 σ，利用公式（1-6-2）计算可得

$$\mu_H = r_H \mu = R_H \sigma \qquad (1\text{-}6\text{-}2)$$

其中，μ_H 为霍尔迁移率，它与实际迁移率差一个霍尔因子 r_H。

两种载流子时：

当材料内电子和空穴都对电导率有贡献时，我们很容易测到一个霍尔系数，但是，如何转换到迁移率，就很困难了。因为，霍尔系数 R 与迁移率及载流子浓度的关系为

$$R = r_H \frac{p\mu_p^2 - n\mu_n^2}{(p\mu_p^2 + n\mu_n^2)^2} \frac{1}{e} \qquad (1\text{-}6\text{-}3)$$

其中，R 为霍尔系数；μ_n 电子迁移率；μ_p 空穴迁移率；n 为电子浓度；p 为空穴浓度。

一般用参数拟合得到迁移率。

以上关于迁移率的详细内容，请参考叶良修老师的《半导体物理学》（1987）。

三、电阻法测量超导转变温度

在检测材料是否超导时，测量该材料的电阻是首选的。这是因为：

（1）材料的电阻值对检测超导相变更灵敏。这是因为，即使样品内只有部分超导，这超导的部分也会将与之平行的、正常态的电阻值短路为零。所以，测量电阻会明显减小。而其他测量方法，如磁化率、比热等，都是测量材料的体效应。若是超导含量较少，由此引起参数的变化也就较小，因而往往不容易测出来。

（2）电阻上的变化更能反映序参量有-无的变化。这是因为电阻对超导相变最为灵敏，稍有一点点超导迹象，在电阻上就会有所表现。

（3）测量方法简单易行。

测量方法很简单，一般选用标准四线法，测量电阻随温度的关系即可。但是，定义哪里是转变温度，却有一定的讲究。具体的 T_{C} 定义方法如下。

1. 10% 法

将正常态的电阻温度曲线延长，当测量的电阻偏离延长线的 10% 时，定义此处的温度为该样品的超导转变温度 T_{conset}；在样品由超导态升温至正常态过程中，电阻值由 0 上升正常态电阻值的

10%处的温度，定义为超导转变温度 $T_{C,\text{bottom}}$。

2. 转变中间法

转变中间（$R_N/2$）法是将正常态的电阻温度曲线延长，当测量的电阻偏离延长线的 50%时，定义此处的温度为该样品的 T_C。

3. 二倍测量噪声法

即定义实际曲线偏离正常态长线的偏离量，达到测量系统噪声的二倍处，对应的温度为 T_C。如图 1-6-1 所示。

对此有人反对，说，"生长材料的人，主观愿望是超导 T_C 越高越好，而这种定义方式得到的 T_C，很容易受到人的情感影响；另外，用这个方法定义的 T_C，在 T_C 温度，材料还没有完全超导，不具备超导的各种性质呢。"

但是个人认为：

（1）超导是个相变，我们描述它的参数，最好和它的序参量的变化相对应。电子对的配对和相干是描述超导态的主要序参量。而它们从 0 到有的转变点，才应该定义为超导的 T_C。既然样品的电阻开始转变了，说明电子对开始相干了。

（2）实验上有时会遇到，样品虽然超导了，但是电阻不为 0 的情况。这时采用 10%法就会有顾虑了。而二倍噪声法，则不会有这个问题。（超导后电阻不为 0 的情况有：测量温度不足够低；样品质地不均匀，样品内杂质影响；样品内磁通蠕动剧烈，等等。）

（3）从实验的角度来说，我们只需要将转变和噪声区别开来即可。

所以，我建议是二倍测量噪声的偏离处，定义为超导的 T_C。

图 1-6-1 是一个数据用"二倍测量噪声法"和"10％法"两种处理方法的比较。可以看出，二倍测量噪声法定义的 T_C 更高一些，更接近转变点。

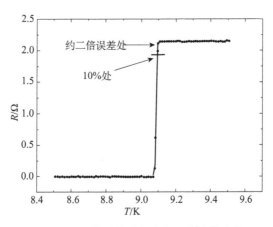

图 1-6-1　二倍测量噪声法和 10％法的比较

4. 用电阻法定义超导 T_C 注意事项

（1）需要事先确认相变是超导相变。因为，有些材料会发生电阻急剧减小的相变，如金属-绝缘体转变等，其 R-T 曲线也类似超导转变曲线，只是电阻不完全为零。所以只有在用其他方法确认是超导相变后，才能用电阻法确定超导 T_C。

（2）一般需要超导转变宽度的参数补充说明。超导转变宽度，反映了样品的纯净度、磁场对材料超导的影响或材料本身的相关性质。而用二倍噪声法定义的 T_C 比其他方式略高，如图 1-6-1 所示。因此，同时标注转变宽度是更有必要的。

超导转变宽度 ΔT_C（二倍噪声法）：首先，我们要定义 T_{bottom}，即样品电阻由 0 开始上升，偏离二倍噪声处的温度。用 T_C 减去 T_{bottom}，即为超导转变宽度 ΔT_C。从图 1-6-1 可以看出，用二倍噪声偏离法定义的 T_C 略高于 10％法，但是，超导转变宽度，也略宽一些。

（3）对于微结构的样品，要注意测量电流对 T_c 的影响。（这是实验中，学生们最容易忽视的部分！）

（4）对于磁场敏感的样品，要注意剩余磁场对 T_c 测量的影响。

第二章　比热的测量及分析

第一节　比热的物理意义

一、什么是比热

比热的定义：即在一定压强、体积、温度下，单位质量的物质，温度升高 1℃ 所吸收的热量，这里指的是在 1℃ 内的平均值。如果材料在某个温度点有相变，其比热在 1℃ 内变化非常大，再使用这个定义就不准确了。为了更准确地描述，人们一般用比热的微分定义，即

$$C = \frac{1}{m}\frac{\mathrm{d}Q}{\mathrm{d}T} \tag{2-1-1}$$

式（2-1-1）表示比热值 C 是样品质量 m 和吸收热量 Q 对温度 T 的一次导数共同决定的。在实际测量比热时，我们也是通过升高样品温度的 1%～2%，同时记录所吸收的热量 ΔQ，以此来得到该温度下的比热值，即 $C = \frac{1}{m}\frac{\Delta Q}{T \cdot 2\%}$。

另一个需要注意的是：定压条件和定容条件下的比热值是不一样的。所以，为了准确描述，人们将比热分为定容比热和定压比热，分别记作 C_v 和 C_p。

定容比热：$\qquad C_v = \left(\dfrac{\mathrm{d}Q}{\mathrm{d}T}\right)_v = \left(\dfrac{\partial U}{\partial T}\right)_v$ $\qquad\qquad$ (2-1-2)

定压比热：$C_p = \left(\dfrac{\mathrm{d}Q}{\mathrm{d}T}\right)_p = C_v + \left[\left(\dfrac{\partial U}{\partial v}\right)_T + P\right]\left(\dfrac{\partial V}{\partial T}\right)_p$ $\quad$ (2-1-3)

在对比热数据的分析中，往往是从定容比热的数据着手。但是在实际低温比热测量中，测量的都是定压比热。这是因为绝大多数样品随着温度变化，体积会有所变化，而压力则是不变的。

通过式（2-1-3），可以推导出定容比热和定压比热之间关系：

$$C_p - C_v = -T\left(\dfrac{\partial V}{\partial T}\right)_p^2\left(\dfrac{\partial P}{\partial V}\right)_T = \dfrac{TV\beta^2}{\kappa} \qquad (2\text{-}1\text{-}4)$$

其中，$\beta = \dfrac{1}{V}\left(\dfrac{\partial V}{\partial T}\right)_p$ 是体膨胀系数；$\kappa = -\dfrac{1}{V}\left(\dfrac{\partial V}{\partial P}\right)_T$ 是压缩系数。

从式（2-1-4）中，我们可以看到定压热容与定容热容的差值与温度、体积、体膨胀系数和压缩系数有关。虽然对于大多数材料，这些参数都会随温度变化而变化，但是在温度比较低的时候，这些参数的值很小，因此一般认为在低温区，定压比热和定容比热是一致的。

图 2-1-1 是 NaCl 的定容比热和定压比热比较。我们可以看出在低于 100K 时，C_v 和 C_p 是基本一致的，但在室温时，差别还是很大的。

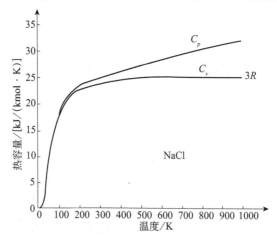

图 2-1-1 $\quad \dfrac{1}{2}$ mol NaCl 的 C_p 和 C_v 的温度变化（泽门斯基 M W 等，1987）

所以我建议大家尽可能仔细测量样品的低温区比热（150K 以下），而高温区（150～300K）的比热，如无相变的情况下，可以 5K 一个点，这样有个大致趋势即可。其原因还有：

（1）通过比热测量获得"声子的德拜温度"、"电子的能态密度"等物理信息，都是从低温比热数据中得到的。

（2）高温区的比热，定压和定容比热的差距较大。我们的测量都是定压比热，这就需要测量压缩系数和膨胀系数才能转换到定容比热。

（3）高温区测量误差也会稍稍大些。这是因为：各个温度计的标定在这个温区点较少，因而误差稍大；由于活性炭吸附力变差，所以真空度会变差一些；粘样品的胶，如 N-Grease，在 210K 附近，会有相变峰，也影响测量结果。

（4）消耗很多时间。这是因为高温区，达到温度平衡较慢，所以，测量一个点的时间是低温区的几倍。

（5）高温比热主要用于研究、判断相变。当材料在高温区有相变时，才需要仔细测量，甚至可以 0.5K 一个点。这是比热测量的另一个意义——相变的鉴别。

二、比热的微观理解

上一节只是对比热简单的宏观理解。比热的优点是能反映非常丰富的物理信息，但这需要更深入的理解比热所包含的物理意义才行！

在固体材料中，存在着很多系统。各个系统对比热的贡献之和才是我们测量到的比热的值。这些系统主要有：声子、电子和磁子系统。下面，让我们逐个来分析。

1. 声子系统的比热

固体材料是由大量原子（或离子）组成的。这些原子会按照一定的形式排列起来。各种形式的排列都有一个共同特点，即具有周期性。如果材料内部原子排列的周期性是长程的，则称为晶体；若是短程有序而长程无序，则称为非晶体。因为晶体结构简单，便于分析，容易得到可靠的结论，所以人们更喜欢研究晶体的物性。非晶因为有着诸多的应用，因而很受人们关注。

固体材料内部相邻原子有着很强的作用力。因此一个原子的振动，会引发其他原子也跟着振动。于是，这个振动会沿着某个方向以波的形式向远处传播。这个振动有着固定的频率和能量，称之为声子。我们以一维原子链的模型来进一步理解声子。

如图 2-1-2 所示，一维原子链的间距是 a，每个原子的质量为 m，回复力系数为 β。当原子离开平衡位置后，移动距离较小时，受到回复力的作用，$F = \beta \cdot \Delta x$。由此，可以推导出一维原子链的振动波的运动关系式来，即

$$x_n = A\mathrm{e}^{\mathrm{i}(\omega t - nak)} \tag{2-1-5}$$

其中，A 为常数；ω 为波的振动频率；k 为波矢，$k = \dfrac{2\pi}{\lambda}$；$\lambda$ 为振动波的波长，只能取 na 的数值（也就是由 n 个原子组成的波）。因为 n 一般很大，所以，k 的幅值最小可以趋近于 0，最大值为 $\dfrac{2\pi}{a}$。

图 2-1-2　一维原子链示意图

ω 和 k 的关系为

$$\omega^2 = \frac{4\beta}{m}\sin^2\left(\frac{1}{2}ak\right) \tag{2-1-6}$$

其中，m 为原子的质量；β 为原子间的弹性系数；a 为原子间距。由于一个振动波的 ω 和 k 是固定的，且对应着这个波的能量 $\hbar\omega$ 和动量 $\hbar k$，所以，人们称之为声子。

另外，无论声子、电子、光子或磁子等，凡是以波的形式运动的粒子或准粒子，都可以用 ω 和 k 来描述，其能量和动量也均是 $\hbar\omega$ 和 $\hbar k$。所以，如果知道这个体系的色散关系，那么很多相关的物性就可以计算出来了。

下面，我们来分析声子对比热的贡献。

根据经典统计物理的能量均分定理，每一个简谐振子的能量为 $K_B T$，因而，比热为 $3NK_B$，是与温度无关的值。这在高温实验中得到了验证。但是，当温度比较低时，实验上发现比热随温度降低而变小。因而，经典统计物理变得无能为力了。爱因斯坦发展了普朗克的量子假说：假定各个简谐振子的能量为一系列量子化的值，以此为出发点开始推导，最终得出声子的能量和比热的关系式为

$$\bar{E}(T) = \frac{1}{2}\hbar\omega_0 + \frac{\hbar\omega_0}{e^{\hbar\omega_0/K_B T} - 1} \tag{2-1-7}$$

$$C_v = \frac{\mathrm{d}\bar{E}(T)}{\mathrm{d}T} = 3NK_B\frac{\left[\dfrac{\hbar\omega_0}{K_B T}\right]^2 e^{\hbar\omega_0/K_B T}}{(e^{\hbar\omega_0/K_B T} - 1)^2} \tag{2-1-8}$$

其中，$\bar{E}(T)$ 为声子的平均能量；$\hbar$ 为普朗克常数；K_B 为玻尔兹曼常数；C_v 为定容比热；ω_0 为振动频率；N 为原子数。

从式（2-1-8）可以看出，若温度很高时，可以得到 $C_v = 3R$；随着温度的降低，比热也是下降的基本趋势。基本与实验中 C_v 在低温时下降的趋势符合。

由于爱因斯坦第一次提出了量子的热容量理论，并成功地解释了比热随温度降低而减小的趋势，这项成就在量子理论发展中占有

重要地位。

但是，在更低温范围，爱因斯坦模型的理论值下降很陡，与实验符合的不好。德拜进一步发展了爱因斯坦的模型，使低温比热的理论与实验更加符合。

德拜假定了声子谱的两个条件：

（1）假定 $\omega(k) = ck$ ，即振动频率和波矢是线性关系；

（2）声子频率是连续的，并且有一个最高值 ω_D 。其中，$\omega_D = ck_D$；$k_D = \left(6\pi^2 \dfrac{N}{V}\right)^{\frac{1}{3}}$ ；N 为原子数；V 为体积。

在这两个假定的基础上，得到了频率分布函数 $g(\omega) = A\omega^2$ 。将 $g(\omega) = A\omega^2$ 代入到定容比热的一般表达式：

$$C_v = \int \frac{\mathrm{d}E(T)}{\mathrm{d}T}\mathrm{d}\omega = \int_0^{\omega_D} k \frac{(\hbar\omega/K_B T)^2 \mathrm{e}^{\hbar\omega/K_B T}}{(\mathrm{e}^{\hbar\omega/K_B T}-1)^2} g(\omega)\mathrm{d}\omega \quad (2\text{-}1\text{-}9)$$

通过简单的数学处理，最终可以得到声子的比热与温度的关系：

$$C_v = 9NK_B \left(\frac{T}{\Theta_D}\right)^3 \int_0^{\frac{\Theta_D}{T}} \frac{\mathrm{e}^x x^4 \mathrm{d}x}{(\mathrm{e}^x+1)^2} \quad (2\text{-}1\text{-}10)$$

其中，$x = \dfrac{\hbar\omega_D}{K_B T}$ ；C_v 为定容比热；N 为原子数；K_B 为玻尔兹曼常数；$\Theta_D = \dfrac{\hbar\omega_D}{K_B}$ 为德拜温度；ω_D 是声子的最高频率。

当温度很低时，也就是德拜温度和温度的比值是无穷大时，式（2-1-10）积分得到

$$C_v = \frac{12}{5}\pi^4 Nk_B \left(\frac{T}{\Theta_D}\right)^3 \quad (2\text{-}1\text{-}11)$$

式（2-1-11）是我们通过比热计算材料德拜温度的公式。从此式中，我们可以得到"声子比热与温度三次方成正比"的结论。但是要注意，温度至少低于德拜温度的三十分之一，该结论才成立。

显然，爱因斯坦的理论基本上解决了经典物理无法解释的现象，并在量子力学的发展中起了重要作用。但是，爱因斯坦假定所有振动都为一个频率，显然是过于简单化了。德拜假定振动的频率是一个范围之内的，这样更接近实际情况。因此，在有了德拜理论的相当一段时间，该模型被认为是无懈可击的。

但随着低温测量技术的发展，德拜模型也显现出与实验的偏离。即在不同的温度下，按照德拜公式得到的德拜温度会不同。下面，我们进一步说明，德拜模型实际上是声子谱的低温长波近似；当温度较高时，声子谱密度不再是 $g(\omega) = A\omega^2$ 关系了，因此德拜模型也就不成了。

现在，我们知道，声子的色散关系为

$$\omega^2(k) = \omega_m^2 \sin^2\left(\frac{1}{2}ka\right) \qquad (2\text{-}1\text{-}12)$$

其中，a 为原子间距；$\omega_m = 2\sqrt{\dfrac{F}{M}}$；$F$ 为原子间的回复力；M 为原子的质量；k 为声子的波矢。

再利用定容比热的一般表达式（式（2-1-9）），就可以求出声子的定容比热来。

仔细分析式（2-1-12），在低温下，$k \to 0$（也就是只有长波声子的条件下），才会得到近似式：$\omega(k) = \dfrac{1}{2}ka\omega_m = ck$。这才与德拜模型的假定一致。换句话说，就是德拜模型是格波分析的低温特例。

随着温度升高，上述的近似越来越不成立。在德拜模型上，体现在德拜温度会随着温度升高而变化，不再是一个常数了。

以上关于声子比热的分析和公式，均源于黄昆老师原著、韩汝琦老师改编的《固体物理学》（1988）。详细的内容和公式推导，请参阅此书。我这里只做了简略说明，是为了方便同学们快速理解该图像。

最后，我们总结一下，以便清晰思路和便于理解记忆。

高温条件下，晶格的比热为常数。

一般温度时，可以通过数值计算得到。但由于声子谱的难以计算，很难计算得到准确的值。在生产和实验中，最好还是直接测量出某温度点的比热为好。

低温条件下，也就是温度低于 $\Theta/30$ 时，声子比热正比于温度的三次方。通过拟合定容比热的低温数值，得到式（2-1-11）中德拜温度的参数大小。

请注意，德拜温度这个参数，是通过拟合低温比热数据得到的。而不是利用德拜公式，输入比热值和温度值得到的。一般情况下，讲一个材料德拜温度，指的是低温下的值。该参数反映了原子间回复力、原子质量和间距等微观信息。进而可以用来比较不同物质间的硬度、热导、电导等性质，所以该参数对工业指导还是很有用处的。

2. 电子系统的比热

电子是费米子，遵循费米分布。也就是一个态上，只能停留两个电子，且这两个电子的自旋方向必须是相反的。描述电子的态有两个参量：动量 $\hbar k$ 和能量 $\hbar\omega$（k 为波矢，是波长的倒数，ω 为波的振动频率）。电子的态，是由一系列的（k、ω）组成的，不存在两个相同的态。

对于近自由电子模型，电子们从能量低的态开始填充，最后一个电子的能量，称为费米能 E_F。在 k 空间中，能量与 E_F 相等的地方，称为费米面。也就是费米能对应的所有波矢的集合。

下面，我们来介绍一下如何计算出电子系统的总能量。电子们按照费米能量分布来的，费米分布为

$$f(E) = \frac{1}{e^{(E-E_F)/K_B T} + 1} \tag{2-1-13}$$

但是，不同的能量，对应的波矢总数是不同的。一个波矢是一个态，换句话说，就是不同的能量，对应的态总数是不一样多的。因此，需要一个"能态密度函数 $N(E)$"，将之与费米分布函数（式（2-1-13））相乘才能得到电子所有的态。

对于三维体系，能态密度的一般表达式为

$$N(E) = \frac{V}{4\pi^3} \int \frac{\mathrm{d}S}{|\nabla_k E|} \tag{2-1-14}$$

其中，$\mathrm{d}S$ 为面积元；$\nabla_k E$ 是能量 E 在 k 方向上的变化率。所以，只要我们知道了色散关系，就能知道能态密度了，反过来，我们知道能态密度了，也就能知道色散关系的信息了。

对于三维近自由电子，$E(k) = (\hbar k)^2/2m$ 于是有能态密度：

$$N(E) = \frac{2V}{(2\pi)^2} \left(\frac{2m}{\hbar^2}\right)^{\frac{3}{2}} E^{\frac{1}{2}} \propto E^{\frac{1}{2}} \tag{2-1-15}$$

所以，电子系统的总能量

$$U = \int_0^\infty E f(E) N(E) \mathrm{d}E \tag{2-1-16}$$

通过边界条件和数学处理，可以得到比热与温度的关系：

$$C_v = \frac{\mathrm{d}U}{\mathrm{d}T} = K_{\mathrm{B}} \left[\frac{\pi^2}{3} N(E_{\mathrm{F}}^0)(K_{\mathrm{B}}T)\right] \propto T \tag{2-1-17}$$

其中，$N(E_{\mathrm{F}}^0)$ 为费米面处的能态密度。所以，$N(E_{\mathrm{F}}^0)(K_{\mathrm{B}}T)$ 就是费米面附近能量在 $K_{\mathrm{B}}T$ 内的电子态的数目。

于是从式（2-1-17）中，我们可以得到电子的比热与温度成正比的结论。若定义他们的系数为 γ 的话，很显然 γ 正比于 $N(E_{\mathrm{F}}^0)$。也就是：γ 反映费米面附近的能态密度的信息。

以上的分析和公式，均源于黄昆老师原著，韩汝琦老师改编的《固体物理学》（1988）。详细的内容和公式推导，请参阅此书。

以上结论虽然是针对近自由电子模型的，但是，遵循费米统计分布的电子，必然会有费米面；且温度只能影响费米面附近的电子

的分布，所以，只要 $N(E_F^0)$ 不随温度变化，那么电子比热值基本是与温度是一次方关系。不同的体系，电子的态密度会不一样，该信息会体现在电子比热系数上。这也是比热研究的目的之一。

电子态密度的改变有多种情况，以下两种，是我个人的理解。只是为了方便学生们理解，所以，列出来以备参考。

(1) **近自由电子与晶格的周期势相互作用导致态密度改变的。** 当电子态的波长与晶格周期接近时，电子的态或者被压缩，导致密度增大；或者被抬升，导致密度减小。如果材料的费米面正好处于这些位置时，就会导致有效质量增大或者减小。如果费米面距离这些位置很远，表现出自由电子的行为。这也是"能带论"解释金属和半导体等现象成功的地方。

(2) **外层电子与内层电子相互作用导致态密度改变的。** 对于原子数较高的材料（如过渡族元素等），次外层电子（如 3d 或 4d 电子），由于原子核对其束缚不足够强，导致它们也在晶体内巡游，形成巡游电子。这些巡游电子与外层电子会有相互作用，也会导致电子的有效质量的修正。另外，对于原子数更高的材料，电子轨道分布更加凹凸不平，不同轨道的电子之间极易相互杂化，从而导致电子的能态密度较大的改变，同时产生较大的有效质量（如重费米子材料）。（关于重费米子的图像，详细内容请参考曹烈兆、阎守胜、陈兆甲老师编著的《低温物理学》（1999）。）

3. 磁子系统的比热

当铁磁或者反铁磁材料进入铁磁或者反铁磁态后，在 $T=0$K 时，磁矩们会完全同向或者近邻反向排列。但在 $T\neq0$K 时，由于热激发，会使某些磁矩反转排列。又由于磁矩间的相互作用，致使这些反转不会固定在某些磁矩上，而是在整个体系内移动。我们称之为自旋波。对于一个自旋波，有着固定的能量和波矢，就像一个粒子一样，所以，也称为准粒子。对于自旋波的准粒子，我们称之为磁振子，简称磁子。磁子是玻色型的，满足玻色分布。

下面我们来讨论一下磁子对比热的贡献。因为在李正中老师著作的《固体理论》（2002）中，有严格的求解，所以我们只是将其结果列出来，以用于分析数据。

铁磁性物质，比热与温度关系：

$$C_m = \nu N K_B \left(\frac{K_B T}{2JS} \right)^{\frac{3}{2}} \qquad (2\text{-}1\text{-}18)$$

其中 ν 是常数：对于简单立方、体心立方、面心立方分别为 0.113、0.113/2、0.113/4；N 为总粒子数；K_B 为玻尔兹曼常数；T 为温度；J 为交换能；S 为自旋数量子。

反铁磁性自旋波与温度关系：

$$C_m = 13.7 K_B \left(\frac{K_B T}{12 |J| S} \right)^{3} \qquad (2\text{-}1\text{-}19)$$

其中 N 为总粒子数；K_B 为玻尔兹曼常数；T 为温度；J 为交换能；S 为自旋数量子。

从中，我们可以定性地知道：对于铁磁性物质，比热是随温度的 3/2 次方变化的。而反铁磁物质是温度的 3 次方变化。于是，我们又多了一个对铁磁还是反铁磁相变进行判断的依据。若是在低温的比热数据，扣除声子和电子的贡献后，磁子比热随温度是 3/2 次方关系，则是铁磁态，若是 3 次方关系，则是反铁磁态。

4. 总比热

现在，我们把声子、电子、磁子比热与温度关系汇总到一起，也就是我们常用的分析实验数据的依据：

铁磁有序　　　　　　$C_V = \gamma T + \beta T^3 + \delta T^{\frac{3}{2}}$ 　　　　 $(2\text{-}1\text{-}20)$

反铁磁有序　　　　　$C_V = \gamma T + \beta T^3 + \delta T^{3}$ 　　　　　$(2\text{-}1\text{-}21)$

其中，γ、β、δ分别为电子比热系数、声子比热系数、磁子比热系数。我们利用它们与温度的关系不同，通过数据处理可以将它们分辨出来，从而得到各自的物理信息。

第二节　比热的数据分析及各种性质的特征 *

一、声子比热

图 2-2-1 是利用 PPMS 的比热选件测量的 $NaNO_3$ 的比热数据。在 100K 至 250K 之间，只取了少数的几个温度点。一个是考虑 C_v 和 C_p 之间有差距，另一个原因是，N-grease 在 210K 附近有相变，导致测量误差会较大，多测也无益。100K 至 2K 温区，测量的数据比较密集。这是因为测量者很关心低温比热的变化趋势；另外，这段温区的比热测量也比高温区快很多。

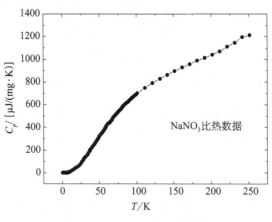

图 2-2-1　$NaNO_3$ 的比热数据

---

　*　本节中的数据图，主要突出材料物性的特征，而数值仅供参考。

由于 NaNO$_3$ 晶体没有磁性粒子，所以只需要考虑它的声子、电子比热即可。于是比热与温度的关系可以写为

$$C_v = \gamma T + \beta T^3 \tag{2-2-1}$$

如果等式两边除以温度 T，即除 T 处理，则成为

$$\frac{C_v}{T} = \gamma + \beta T^2 \tag{2-2-2}$$

如果令 T^2 为变量 x，C_v/T 为应变量 y，就可以在数据图上简单、清晰地看出截距是电子比热系数 γ，斜率是声子比热系数 β（图 2-2-2）。

图 2-2-2 就是 NaNO$_3$ 的比热数据经除 T 处理后的曲线。从这曲线上可以看出，在 80K 以上，比热数据是根本无法用式（2-2-1）拟合的！换句话说，就是远远不满足式（2-2-1）的条件（即温度远远低于德拜温度的条件）。

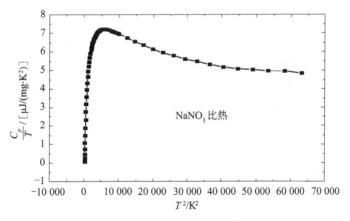

图 2-2-2　NaNO$_3$ 的比热数据经除 T 处理后的曲线

图 2-2-3 是在 2K 到 10K 温区的数据曲线，图中方形点是测量的数据值，直线是用线性拟合得到拟合曲线。这时，数据才与式（2-2-1）很好的符合。图 2-2-3 中的直线是数据线性拟合的结果。其中 $\gamma = -0.004\,99$ 源于测量的误差。当以 $\gamma = 0$ 为条件拟合时，得到 $\beta = 0.007\,54$。

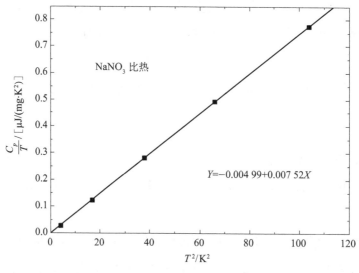

图 2-2-3　NaNO₃ 的比热数据低温区曲线

二、电子比热

在高温区，电子比热的贡献远远小于声子比热，因此根本无法分辨出来。随着温度的降低，声子比热贡献衰减得远比电子的快，因此，研究电子比热一般在低温或极低温温区。在这个温区，声子比热是 T^3 的关系，很容易通过数据处理扣除，从而将比热的电子贡献凸显出来。

图 2-2-4 是利用 PPMS 测量的高纯铜（99.999%）的比热温度曲线。PPMS 比热测量最大质量是 100mg。质量越大，受环境和背景影响越小，但是，测量一个点就会慢很多。为了能较精准地测量铜的电子比热，我选取了铜样品的质量为 99.0mg，导致这条曲线用了两天半的时间才测完。

图 2-2-5 是低温区铜的比热除 T 处理之后的曲线，图中方形点是测量的数据值，直线是用线性拟合得到的拟合曲线。电子比热拟

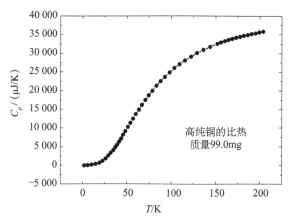

图 2-2-4　高纯铜的比热温度曲线

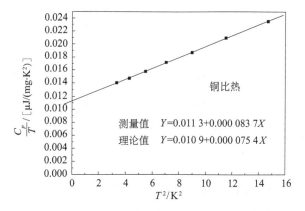

图 2-2-5　低温区铜的比热除 T 处理之后的曲线

合的结果和理论值稍有差别，而声子比热系数差很大，这是由于声
子比热太小，测量误差对它影响较大的原因。图中理论值源于参考
文献（Martin D L，1973）。

三、磁子比热

磁子比热数据处理时，请注意：

（1）因为在发生铁磁或反铁磁相变时，比热会出现一个明显的

λ峰。这段温区内，是不满足上述关系的。所以，所选取数据处理的温区一定要远远低于相变温度，以减少相变比热对磁子比热的影响。

（2）由于反铁磁磁子比热与声子比热同样是 3 次方的温度关系，所以，无法从数据中分离出磁子贡献和声子贡献。近似的做法是：找些结构一样，但是没有反铁磁序的材料，认为它的声子谱与反铁磁样品的声子谱近似，两者相减来扣除声子比热贡献。

但是，这样做的误差太大。因为既然组成的原子不一样，就很难有完全一样的声子谱，总是会引入部分误差的，另外，不同的样品进行比热测量，测量条件会有所不同，自然会引入误差的。1% 的误差是很常见的。如果比热的变化值接近 10%，那样数据才可信。

还有一个办法：用强磁场把反铁磁相变的温度压低，而后用相变前至 $\Theta_D/30$ 这个温区拟合得到声子的温度关系，而后下推至反铁磁相变以后的温度。但是，对于相变温度较高的材料，无法使用。

四、声子比热的拟合

由于在比热研究中，常常需要将声子比热部分扣除掉，从而研究电子或磁子的比热行为；在某些相变的比热研究中，也同样需要扣除声子比热。但是，通常声子的比热比较大，所以声子比热数据拟合的微小出入，就会对电子比热和磁子比热的数据结果产生重大影响。因此声子比热的拟合必须非常严格、仔细才行。

我们已经知道，如果声子的色散关系及态密度函数已知，那么声子比热就可以计算出来了。所以有时候人们采用理论计算的方法得到声子比热。即将材料的元素和晶格结构确定后，通过理论计算得到声子态密度谱，最终计算出声子比热贡献。这个方法的缺陷是：测量的实际样品可能有缺陷和杂质，导致计算结果与实际有出入；另外在计算过程中，可能会因忽略了某些因素而导致计算结果不正确。

我个人总结了几个实验方法，介绍给大家，仅供参考。

第一种方法是德拜模型拟合法。

德拜模型的假定是：$\omega = ck$；$g(\omega) = A\omega^2$，通过计算并最终得到了声子比热计算公式：式（2-1-9）和式（2-1-10）。但是，德拜模型的假定只是和实际材料声子谱的低频段吻合。在低温区，材料只有低频声子，高频声子没有被激发，也就是说，该方法只在低温区有效。

具体方法：

首先，在低温区，也就是材料的德拜温度的百分之一以下温区，对声子比热部分进行三次方拟合，并计算出德拜温度。

然后，利用刚刚得到的德拜温度，用式（2-1-10）在稍微高的温区进行拟合。此方法适用的最高温度的判断方法，即利用样品的温度 T 和声子比热值，通过式（2-1-10）计算出德拜温度。如果这个德拜温度和低温时拟合的德拜温度变化不大，则式（2-1-10）在这个温度以下可以成立。（个人经验，一般是3～4K以下，可以用三次方关系拟合；用式（2-1-10），最高可到30K。）

另外，有些材料在某些温区德拜温度变化不大，因此，在这些温区也可以用式（2-1-10）计算。

另一种方法是用多项式拟合。

虽然还没有证明晶格振动的总能量在比热上体现出多项式的关系，但是，在某些时候，用多项式拟合声子比热，也是可行的。（个人理解：这时候，声子对比热的贡献，正好以多项式的形式表现出来。）

一般只取三级近似，即 $C_v = \alpha_3 T^3 + \alpha_5 T^5 + \alpha_7 T^7$ 的形式进行拟合。由于有三个参量，一般曲线都可以拟合得很好。但是，这不一定有物理意义。如果拟合正好和物理本质一致，那么拟合结果中，多项式的各个系数一定基本不变，或者有较强的规律！

一般做法是：将要拟合的比热数据分为多段，分别进行拟合；然后观察每一段拟合的各个参数是否不变，或者是否有规律。如果不变，说明拟合正好合适。如果有规律，一般要改变温度的指数，再进行拟合，直到找到合适的参数。

另外还有两个实验方法。

一个是同一样品比较法。例如，在非晶比热玻色峰的研究过程中，人们常常先测量一个非晶样品的比热，而后将该样品逐级退火，一直到退火成为晶体。在每次退火后，都进行一次比热测量。最后，将每次测量的比热数据减去晶体的数据，从而凸显出非晶的特征行为。这么做的前提条件是：电子比热部分基本不变，且材料没有发生相变。

另一个方法是元素替代法。例如，在研究反铁磁自旋波和高温超导时，人们常常选择同样晶格结构，元素性质接近，但是没有反铁磁有序或超导态的体系，进行比热测量，并以此作为声子比热背景进行扣除。这个方法的困难之处是很难找到声子谱完全一致的材料。因为声子可能会与电子、磁矩有相互作用，从而改变了声子谱或声子的态密度。

声子比热拟合原则：

由于声子比热的拟合比较复杂，且拟合稍有出入就对电子比热、磁子比热结果影响巨大！因此，拟合声子比热一定要能令人信服才行。一般的原则是：

（1）拟合方法得到了充分论证；

（2）做一系列实验，同样处理后，物理现象规律性很强；

（3）有交叉实验共同验证实验结论。

第三节　反常比热行为分析及各种性质的特征*

一般情况，比热值会随着温度降低而减小。但是，有些情况下，比热在某个温度会出现极大值，我们称之为反常比热行为。引起反常比热行为的情形主要有：相变比热和肖特基比热。

一、相变比热

通过比热测量，我们可以得到物质相变的信息，这也是比热研究的主要用途之一。

1. 相变的含义

为了准确描述物质的状态，人们往往用某些状态参量来描述物质的状态，如压力 P、温度 T、体积 V、磁化强度 M，等等。当某一个状态参量连续变化到某一个特定值时，系统的某些物性发生显著变化，我们则说这个系统经历了某种相变。

例如，随着温度的降低，当低于某个特定温度后，气体变为液体，我们称之为气液相变；或者物质由顺磁性变为铁磁性，我们称之为铁磁相变，等等。

由于本书涉及研究的物理过程都是近似等温和等压条件的，相关的能量参量与吉布斯函数（也叫做吉布斯自由能）一致，因此，相关的公式均由吉布斯函数导出。

吉布斯函数定义为

＊ 本节中的数据图，主要突出材料物性的特征，而数值仅供参考。

$$G = H - TS$$

全微分式为

$$dG = -SdT + VdP$$

其中，G 为吉布斯函数；H 为焓；T 为温度；S 为熵；V 为体积；P 为压力。

下面列举出熵（S）、体积（V）、压缩系数（κ）、热膨胀系数（β）与吉布斯函数的关系：

$S = -(\partial G/\partial T)_P$，$V = (\partial G/\partial P)_T$

$\kappa V = -(\partial V/\partial P)_T = -\partial^2 G/\partial P^2$，$C_p/T = (\partial S/\partial T)_P = -\partial^2 G/\partial T^2$

$\beta V = (\partial V/\partial T)_P = -\partial^2 G/\partial P\partial T$

一级相变：吉布斯自由能相变前后是不变的，但是它的一级导数（"摩尔体积"和"摩尔熵"）有跃变。在相变过程中，有潜热发生，因此系统的能量不是连续的，而是一个突变。相变前后的相平衡是不同物态的平衡，例如：气-液、液-固等相变。一级相变的本质是物质状态的参量发生突然变化。

二级相变：若发生相变时，材料的摩尔体积和摩尔熵没有变化，但是摩尔体积和摩尔熵一级偏导数，如比热、热导等，有跃变，同时没有潜热发生，也就是系统的能量是连续的，但是，能量的变化有一个突变。由于吉布斯自由能的二次偏导数有突变，所以称这种相变为二级相变。但是，二级相变可能只有一个例子，即零场下正常-超导相变。

λ 相变：我们实际科研中遇到更多的是 λ 相变。该相变发生时，比热随温度的变化曲线象希腊字母 λ，因此称之为 λ 相变。

λ 相变的本质是（个人总结）：在某种相互作用下，粒子间会产生结合能，并形成新的有序态。当声子的能量和结合能同样大小时，粒子对声子的吸收最为强烈。吸收声子的粒子进入无序态，同时又有其他粒子进入有序态，从而形成动态平衡。这过程等效于声子数目的增多，因此比热增大。当温度偏离相变温度后，与结合能相同能量的声子数目不断减少，粒子对声子的吸收也减少，因而比热值也迅速减小。

下面我们通过铁磁-顺磁转变的例子来具体说明。

晶体中相邻的两个磁矩，通过磁交换相互作用，有可能形成两个态：同向排列和反向排列。同向排列的态即为铁磁态，反向排列的态即为反铁磁态。这两个态中，能量更低的态便是该材料的基态。温度体现了声子的平均能量。声子对磁矩的作用是使磁矩无序化。所以，当声子的平均能量远远高于铁磁的结合能时，磁矩是无序化的，可以自由转动的，称为顺磁态。

当温度降低，声子的平均能量接近铁磁的结合能时，于是有少量磁矩进入铁磁态。这时，声子与处于铁磁态的磁矩发生较强的相互作用，致使该铁磁态磁矩成为顺磁态，同时，又有其他磁矩进入铁磁态，从而形成了动态平衡。这效果就好像增加了少量声子一样。因此，比热值开始增大；随温度进一步降低，铁磁态的磁矩越来越多，直到铁磁居里温度，最大量的磁矩进入铁磁态。此时，比热出现极大值。如果是理想晶体，该温度点的比热值是发散的；当温度进一步降低，铁磁态的结合能大于声子的平均能量，能够与磁矩相互作用的声子逐渐减少，比热值也逐步回归。从而形成了一个像希腊字母 λ 的曲线峰。

严格来说，λ 相变是指液氦的超流相变，并称转变温度点为 λ 点。普遍认为在 λ 点，其比热容是发散的。如图 2-3-1 所示，即使温度距 λ 点仅微开以内，测得的比热容依然是呈发散趋势的。

从图 2-3-2 可以看出，二级相变和 λ 相变形状有些近似，但是 λ 相变时的比热值是发散的。另一个区别是 λ 相变时，在相变温度前比热已经开始增大，而二级相变是在相变点，比热才有突变。

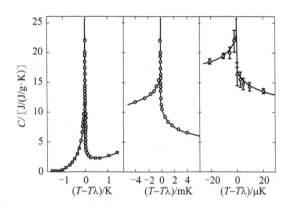

图 2-3-1   液氦超流相变时比热曲线 （Enss C et al.，2005）

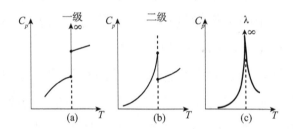

图 2-3-2   三类相变之间可以区分的特征 （泽门斯基 M W 等，1987）

(a) 一级；(b) 二级；(c) λ 相变

    属于 λ 相变的相变是比较多的，如铁磁、反铁磁相变，磁场下的超导相变，还有少量的结构相变也呈现 λ 相变的特征。大多数结构相变是一级相变，比热是发散的；但当相变前后的晶格参数变化不是很大（也就是能量变化不大）时，也是属于 λ 相变的。

    而二级相变可能只有一个例子，就是零场下的超导到正常态的转变。

    下面，我们逐一看一看各个相变的特征。

2. 超导相变的比热特征曲线

第一类超导体

从图 2-3-3 可以明显看出，与二级相变的形状一致，即在相变温度前，比热没有变化；在相变温度点，比热是个跳跃。

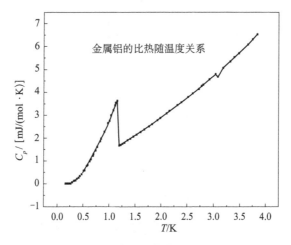

金属铝的比热随温度关系

图 2-3-3　金属铝超导相变的比热曲线（Phillips N E, 1957）

第二类超导体

第二类超导体与第一类超导体的不同之处是：第二类超导体存在混合态。其特征是：当外磁场小于超导下临界场时，材料处于完全超导态；当外磁场高于下临界场，而低于上临界场时，材料内部有超导态和正常态同时存在；在正常态区域，分布着磁通；当外磁场高于上临界场时，超导态完全消失。

所以，第二类超导体和第一类超导体在比热上的区别，就在于混合态时的行为。

图 2-3-4 是金属铌（Nb）的比热经"除 T 处理"后的曲线。外加的背景磁场 1030Gs。有 ZFC（zero field cooling）和 FC（field cooling）两条实验曲线。在 $T^2 \approx 53$ 处，是超导相变。在 $T^2 \approx 37$ 处的峰，是由完全超导态向超导混合态的转变引起的。（实质是超导磁通通过声子克服势垒而移动的过程。）

非常规超导体

非常规超导体的相变在比热上的表现与传统超导体的二类超导

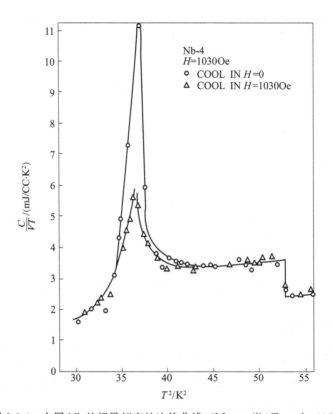

图 2-3-4　金属 Nb 的超导相变的比热曲线 （Mcconville T et al, 1965）

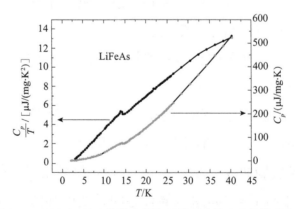

图 2-3-5　LiFeAs 的比热及比热除 T 随温度的变化曲线示意图

体接近。图 2-3-5 是我们实验室的望贤成生长的 LiFeAs 材料的比热及比热除 T 随温度的变化曲线示意图。除 T 处理后的曲线，超导转变的特征更明显。

非常规超导体和常规超导体在比热上的主要区别有两个：一个是电子比热随温度的关系，另一个是在相变点比热跳跃的高度。如果材料的电子比热与温度是 e 指数的，且在相变点比热的跳跃 $\dfrac{(C_{es}-C_{en})_{Tc}}{C_{en}}$ 为 1.43，那么正好符合 BCS 理论的推论，可以认为该材料是常规超导体。但是如果不是这样的结果，也不能得出该材料是非常规超导体的结论。这是因为即使是常规超导体，其声子谱的模式、电子间相互作用等与 BCS 理论也可能会有出入，从而导致这两个特征不符合 BCS 理论的推论。因此，比热数据只能作为辅证。

　　个人理解：非常规超导体超导机制与符合 BCS 理论的传统超导体是不一样的。参与配对的电子的波函数不是空间均匀的，而是集中在某个区域。因此，电子间的库仑、磁矩相互作用较强。如果晶格匹配合适的话，声子对这种相互作用影响较小，则超导温度就高；反之，超导温度也会很低。

　　另外，两个电子形成库珀对，是电子本身的一种属性！电声子相互作用或者晶格畸变，仅仅是电子形成库珀对的媒介。或许在其他条件下，电子也会形成库珀对的。

3. 磁性相变的比热特征曲线

铁磁相变

图 2-3-6 是 PPMS 测的一个铁磁相变的比热曲线。材料为分子磁体。具体材料，测量者保密。但是，他确认在 8K 附近是结构相变，在 3K 附近是铁磁相变。

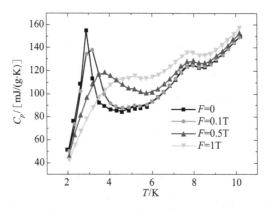

图 2-3-6　一个铁磁相变的比热曲线

从图中可以看出，铁磁比热的相变峰随着磁场增加，往高温方向偏移。这是因为磁场使铁磁态能量更低，所以更容易形成。如果磁矩是 $1\mu_B$，磁场是 1T 的话，相当于温度的平均能量为约 0.67K。由此，可以大致估计在几特斯拉的磁场下，相变温度会向上偏移几开。

反铁磁相变

与铁磁相变类似，反铁磁相变比热峰也是类似 λ 形的。只是在磁场的作用下，比热峰会往低温区移动，这是因为磁场不利于反铁磁有序的形成。如图 2-3-7 中的分子磁体 Ni4 的比热曲线。

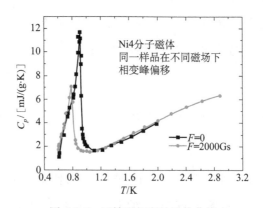

图 2-3-7　反铁磁相变的比热曲线

以上是铁磁和反铁磁相变较为典型的特征曲线。但是，当磁矩是倾斜的，或者磁矩间相互作用较弱而与磁矩周围的晶格作用较强，亦或者巡游电子屏蔽磁矩等，都会导致比热曲线的行为异常，并有各自的特征。

总之，对于磁矩间有相互作用的，磁场下的比热峰位置随外加磁场的改变行为，是判断系统是铁磁还是反铁磁相变的一个重要依据。

4. 结构相变的比热特征曲线

物质的结构相变时，如果晶体的三个方向的间距 a、b、c 变化明显，则往往是一级相变，比热上是发散的。但有时，尤其在低温下，在相变点附近区域，a、b、c 变化非常小，这时就属于 λ 相变，比热上会出现一个 λ 峰，但是，这个峰的位置和高低不随磁场变化。

图 2-3-8 是 PPMS 测量的一个结构相变的例子。材料测量者保密，但确认是结构相变。比热曲线形状也类似是 λ 形。在磁场下，这个峰的位置和高度都没有变化。在图 2-3-6 中 8K 处的峰，也是结构相变，也基本体现了 λ 相变的特征。

二、肖特基比热

这是反常比热行为的另一类。顺磁材料中，磁矩之间没有相互作用。但是各个磁矩在磁场下会形成一系列能级：为了简便说明，我们假定只有两个能级。一个是基态，能量为 0；另一个在磁场下分裂出来的能级，能量为 ε_1。g_0 是基态的简并度，g_1 是能量为 ε_1 的激发态的简并度。因为基态能量是 0，所以 ε_1 就等于激发态与基态的能级差了。

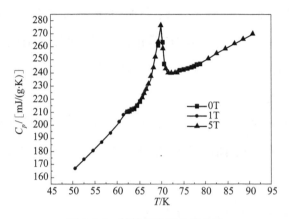

图 2-3-8　结构相变的比热曲线

磁离子的系统能量 $U = \dfrac{N\varepsilon_1}{1 + \left(\dfrac{g_0}{g_1}\right)\mathrm{e}^{\frac{\varepsilon_1}{K_B T}}}$ ，则比热为能量对温度的

微分，即 $C_M = \dfrac{\mathrm{d}U}{\mathrm{d}T}$ ，从而得到

$$C_M = \frac{-N\varepsilon_1\left(\dfrac{g_0}{g_1}\right)\left(-\dfrac{\varepsilon_1}{K_B T^2}\right)\mathrm{e}^{\frac{\varepsilon_1}{K_B T}}}{\left(1 + \left(\dfrac{g_0}{g_1}\right)\mathrm{e}^{\frac{\varepsilon_1}{K_B T}}\right)^2}$$

即为肖特基方程。其中，N 为磁粒子数；ε_1 是磁分裂的能级差；g_0 是能量为 0 的简并度；g_1 是能量为 ε_1 的简并度。

当 $K_B T \gg \varepsilon_1$ 时，

$$C_M = \frac{N\varepsilon_1\left(\dfrac{g_0}{g_1}\right)}{\left(1 + \left(\dfrac{g_0}{g_1}\right)\right)^2}\left(\frac{\varepsilon_1}{K_B T^2}\right) \propto \frac{1}{T^2}$$

也就是在高温时，C_M 趋近 0；另外，从肖特基方程可以得到，在 T 接近 $0\mathrm{K}$ 时，C_M 也趋近 0。C_M 必然在某个温度有一个极大值。通过对 C_M 求导，可以得到 C_M 最大时的温度 T_m，即由 $\dfrac{\mathrm{d}C_M}{\mathrm{d}T} = 0$ 可推导出

$$\frac{g_0}{g_1}\exp\left(\frac{\varepsilon_1}{K_B T_m}\right)=\left(\frac{\varepsilon_1}{K_B T_m}+2\right)\Big/\left(\frac{\varepsilon_1}{K_B T_m}-2\right) \qquad (2\text{-}3\text{-}1)$$

由式（2-3-1）可以得到 T_m 的值。当 $\frac{g_0}{g_1}=0.5$ 时，$\frac{\varepsilon_1}{K_B T_m}\approx$

2.65；当 $\frac{g_0}{g_1}=1$ 时，$\frac{\varepsilon_1}{K_B T_m}\approx 2.40$；当 $\frac{g_0}{g_1}=2$ 时，$\frac{\varepsilon_1}{K_B T_m}\approx 2.23$。为了便于记忆，我们粗略地说，$T_m=\varepsilon_1/2K_B$。

再者，不同 g_0/g_1 的比值，会使 C_M 的曲线有所改变，如图 2-3-9 所示。总之，通过 C_M 的曲线形状和峰值位置，我们可以得到这两个能级简并度的比值信息和它们的能级信息。

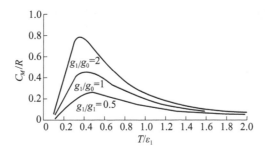

图 2-3-9　三种 g_0/g_1 比值两能级的肖特基比热特征曲线（曹列兆等，1999）

通过图 2-3-9，我们可以得出结论：

（1）肖特基比热行为，在 T_m 以上温度，比热就开始上升了，这与二级相变截然不同，与 λ 相变接近。

（2）比热在 T_m 处是极大值，不是发散的，这与 λ 相变不同。从接近 T_m 处的变化也可以看出与 λ 相变不同。

（3）T_m 的值与能级差有关。对于顺磁材料，往往其能级差与外磁场成线性关系。因此，T_m 的值与外磁场成线性关系。

通过分析，我们就可以将肖特基比热和其他相变比热区分开来。

虽然上述结论是从顺磁材料推导的，但是，只要是二能级系统，或者是三能级系统，当能级差和温度的比值合适时，都会出现这个规律，即为肖特基反常比热。

以上详细内容请参照参考文献（泽门斯基 M W 等，1987；曹列兆等，1999）。

第四节　比热的测量

测量比热有许多方法。方法不同，测量的效果也自然不同，应该注意的事项也大大不同。因为本书是从我自己实验经验角度出发的，所以主要介绍我所熟悉的测量方法及经验。

一、绝热法

1. 测量原理

绝热法是从比热的定义出发进行设计的方法。因此，它的原理很简单，测量的精度相对较高，且可以测量任何比热的相变，只是实际操作有些困难。

如图 2-4-1 所示，在绝热的条件下，样品稳定在某个温度上，这时给样品施加一个热量 ΔE，其大小取决于加热功率和时间。在加热时间段，样品的温度会上升，停止加热后，样品温度会稳定在另一个温度上，加热前后的温度之差为 ΔT。利用比热的定义公式 $C_p = \dfrac{\Delta E}{m \Delta T}$，就可以计算出样品的定压比热容。

2. 测量装置

绝热法比热测量结构如图 2-4-2 所示，由热屏蔽罩、热屏蔽罩加热器、样品温度计、样品加热器及样品台组成。一般为了保持热

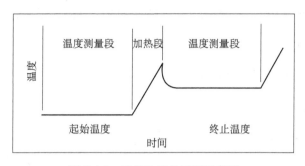

图 2-4-1　绝热法测量过程示意图

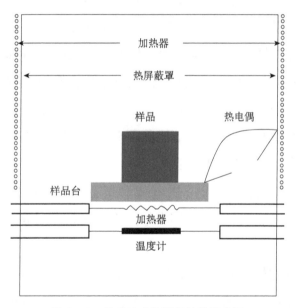

图 2-4-2　绝热法比热测量结构示意图

屏蔽罩和样品的温度一致，通常会在热屏蔽罩和样品台之间安装一个热电偶。

　　在测量原理中，要求测量是在绝热条件下进行的。但是在实验中，是没有绝对的绝热条件的，只能是将环境的漏热量控制在远远小于 ΔE 的范围之内而已。一般情况下，漏热量至少是 ΔE 的千分之一，最好是万分之一，这样才能保证测量精度在千分之一的范围。因此，环境漏热量和测量热量之比决定了比热的测量精度。

在实验中是要经过多方面的考虑和精细操作才能最大限度地减少环境漏热量。

3. 具体分析及注意事项

1) 气体漏热

气体漏热量的大小取决于气体的种类、气体的压强、环境和测量台的温差、测量台和环境的表面积之比、环境和测量台的气体的热适应系数等等。热适应系数指的是，气体分子与器壁碰撞后，传递给器壁的能量与最大能量之比。热适应系数越大，说明气体分子传热效果越好。器壁表面容易对气体吸附，则热适应系数较大；器壁表面越粗糙，热适应系数越大。这也就是低温器件要纯金属表面，且表面光洁度要高的原因。

为了减小气体漏热，整个比热测量装置要处在高真空环境中，至少要到$(1\sim2)\times10^{-4}$ Pa，最好进入 10^{-5} Pa。同时，在样品台外设计了一个热屏蔽罩。通过热电偶和屏蔽罩上的加热器，控制屏蔽罩和样品台的温差在 0.1K 以内。这时候，气体漏热基本可以忽略了。

如果测量腔体的真空出了问题，会引起温度的波动和漂移；另外，在停止加热时，温度计达到平衡温度的时间也会快很多。有经验的实验者会通过这两个信息来判断是否真空出了问题。

2) 热辐射的影响

热屏蔽罩的另一个作用就是：屏蔽掉环境对样品或样品对环境的热辐射。这也是它叫做热屏蔽罩的原因。为了消除，至少减少样品与热屏蔽罩之间的热辐射，实验中往往使热屏蔽罩和样品台保持温度一致。具体做法是在样品台和热屏蔽罩上装一个热电偶。若样品台和热屏蔽罩有温差，则热电偶会输出一个电压，此电压的正负、大小正比于温差。因此，根据热电偶输出的电压信息来调节热屏蔽罩外的加热器的功率，就很容易保持这两者的温度一致了。为了更好地减少热辐射，热屏蔽罩内侧还要抛光并镀金。

在排除了气体漏热和热辐射的影响后，就要考虑固定线和测量线的漏热问题了。

3）固定线和测量线的漏热影响

悬挂线，一般用棉线、尼龙等热导率很低的材料制备；温度计的测量线往往用锰铜线等热导率较差，电阻率随温度变化不大的材料制备；加热器的电压测量线也可以用锰铜线，这些都为了减少引线的漏热。通电流的引线可以选择较粗的锰铜线，也可以选择较细的铜线，目标是引线的漏热和发热之和最小。这是因为锰铜的热导率小，但是电阻率较大，而铜的热导率大而电阻率小。总之，要通过热传导公式计算，保证漏热量小于 $10^{-5}\,\mathrm{K/min}$。相关的计算和数据，请参考阎守胜，陆果老师编著的《低温物理实验的原理与方法》（1985）。

4）温度稳定度的影响

对于温度的测量，若温度不随时间变化，只需所有温度值平均即可，测量的时间越长，数据越多，相对误差越小，很容易达到千分之一的测量精度，如图 2-4-1 中温度随时间的变化曲线。但是如果测量的温度值随时间变化，也就是样品的温度弛豫时间较长，则需要用函数拟合，得到平衡态的温度才可以。而实际测量中，也没有必要等到温度完全稳定了，才测量下一个温度点的比热，只要测量的数据足够拟合出平衡态的温度，就可以了。

5）加热功率精度的考虑

对于热量的测量，一定用四线法或者三线法测量才可以。这是因为大多数加热器的电阻值会随着温度的改变而变化。因此一定要测出该温度点加热器的电阻值，才可以用 $E=I^2Rt$ 或者 $E=VIt$ 计算出加热量。

加热功率大小的选择是：加热时间在 10s 左右的时间内，保证样品的温度升高 1‰~2‰，这是因为测量比热值对应的温度是起始温度和结束温度的平均值。如果温度上升太多，等于测量较宽温度范围的平均值了，这对于比热随温度变化比较敏感的实验，就降低了灵敏度。

总之，测量时，各个测量项都要注意测量误差，最好相对误差要小于千分之一，这样才有可能得到相对误差在千分之一量级的比热数据。

二、热弛豫法

热弛豫法的优点是测量比较方便、重复性也很好，而且只要稍加培训，就可以得到实验数据。然而，对于不熟悉低温实验的人，往往会得到一些不可靠的数据，给实验分析带来困难。本人使用美国 Quantum Design 公司的产品 PPMS 十余年，该产品比热测量就是采用热弛豫法的。现将自己的理解和心得与大家共享，希望对读者有用。

平心而论，我确实很推崇他们的这个比热测量模块。比起以前用的绝热法，操作简便很多，重复性也非常好。

曾经因实验需要，同样一个样品，两次安装、两次测量，曲线重合度在百分之一以内。如图 2-4-3 所示，其结构相变、比热随温度的变化趋势，都可以确信无疑。这对于比热测量，已经很不错了。

1. 测量原理

当样品处于一个有稳定漏热的环境时，样品温度随时间变化与加热功率及环境漏热功率的关系为

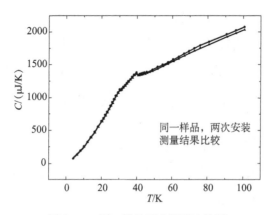

图 2-4-3　同一样品两次测量比较图

$$C_p \frac{\mathrm{d}T}{\mathrm{d}t} = Q - k(T - T_0) \qquad (2\text{-}4\text{-}1)$$

其中 C_p 为定压比热；Q 为加热功率；k 为导热系数；T 为样品当前温度；T_0 为环境温度。

　　从式（2-4-1）可以发现，我们可以改变的参数只有加热功率 Q，所以实验分为加热和不加热两个过程。测量分两步完成：

　　第一步，对样品以恒定功率加热。样品温度从和环境温度一致开始上升，一定时间后，样品对环境的漏热与加热功率相同，此时温度随时间不再变化，即 $\frac{\mathrm{d}T}{\mathrm{d}t} = 0$，所以，$k = \dfrac{Q}{T - T_0}$。加热功率 Q 和温差 $T - T_0$ 是直接测量量，于是可以得到样品在这个温度下与环境的热导率。

　　第二步，停止加热，测量样品温度随时间的变化曲线。此时，$Q = 0$，样品温度和时间的关系为

$$C_p \frac{\mathrm{d}T}{\mathrm{d}t} = -k(T - T_0)$$

　　解此微分方程，得到

$$T = T_0 + \Delta T \cdot \exp\left(-\frac{K}{C_p} t\right) \qquad (2\text{-}4\text{-}2)$$

其中，$\Delta T = T_i - T_0$，T_i 为初始温度，T_0 为最后平衡温度；K 为样品台与环境的热导率；C_p 为样品台及样品的比热总值。

通过式（2-4-2）拟合数据，就可以得到 e 指数的系数（一般称为时间常数或弛豫时间，用 τ 表示），即 $\dfrac{K}{C_p}$ 的值。而 K 的值由第一步已经得到了，因而可以得到 C_p 的值，也就是定压比热的数据。

实验中，总是要将样品放在样品台上的，所以该过程测量的比热值是样品台和样品的总和。于是，要事先测量样品台自身的比热值。这样将测量得到的总比热值减去样品台自身的比热值，才能得到样品在该温度点的比热值。

另外，测量的温度点一般指的是起始温度和平衡温度的平均值，即 $T_S = \dfrac{T_i - T_0}{2}$。

这就是热弛豫法测量比热的基本原理。

令 $\tau = \dfrac{C_p}{K}$，这样式（2-4-2）换为 $T = T_0 + \Delta T \cdot \exp\left(-\dfrac{t}{\tau}\right)$。

我们称 τ 为弛豫时间，它的大小决定了函数变化的快慢。显然，τ 与 t 是同一量纲的，单位都是 s。因为时间常数与测量结果的准确与否有直接关系，所以需要我们格外关注。

2. 测量装置

图 2-4-4 是热弛豫法测比热装置的示意图。最外围是镀金的热屏蔽罩，主要目的是保证样品温度与环境温度一致，且消除气体漏热和热辐射。在热屏蔽罩上装有温度计，从而得到环境温度 T_0。样品台悬挂在中间，由 8 根铂丝拉撑。这些铂丝还用作样品台上的温度计和加热器的引线，同时又为环境和样品台之间提供热传导。

加热器和温度计装在样品台的下表面。样品台一般是用蓝宝石制成的薄片，这是因为蓝宝石在低温下热导率比较高，而且能制作

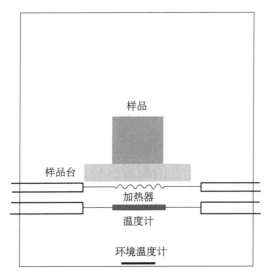

图 2-4-4　热弛豫法测比热装置的示意图

得比较薄（目的是减少加热器与样品之间的热阻，也同时尽可能减少衬底比热）。样品安装在样品台的上表面，在样品和样品台之间，用导热胶粘结，以提高这两者之间的热导。

3. 测量过程

下面，我们通过了解实际测量过程来加深理解，从而在测量时知道应该注意什么。

第一步，控制环境温度。由于样品处在热屏蔽的环境中，热屏蔽的温度与环境温度一致，且有铂丝在样品和热屏蔽之间传热，因此，样品也会稳定在这个温度上。

第二步，给样品台以稳定功率加热，得到升温曲线。加热功率是通过测量加热器电阻值和设定恒流源的电流值来确定的。同时，记录样品台的温度计随时间变化的数据。

第三步，加热时间到了 $\tau/2$ 后，停止加热。（加热时间长短，可以在参数设置中调整。）

第四步，继续记录样品台温度随时间变化的数据。采集时间也

是 $\tau/2$，这样得到一条降温曲线。

第五步，利用式（2-4-2）拟合、处理数据，并计算出比热、热导率、时间常数 τ 的值。同时，将测量曲线和标准的热弛豫曲线比较，如果拟合得不好，系统就利用 Quantum Design 公司自己专有的修正公式进行修正（该公式可以在其用户手册中找到），并得到样品耦合百分比（sample coupling）的参数。而后用刚刚得到的时间常数 τ，作为下一个温度点的测量参数。

图 2-4-5 就是 PPMS 在测量比热时样品台的温度随时间变化的曲线。在加热段，样品台温度随时间是 e 指数上升的；而不加热段，样品台温度随时间是 e 指数下降的。我曾经用 e 指数拟合过，这两条曲线得到的系数基本一致。

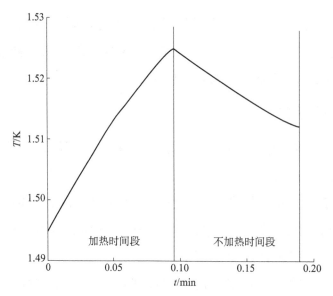

图 2-4-5   热弛豫法比热测量时，样品台温度随时间的变化曲线

4.“时间常数”和“样品耦合百分比”

在测量过程中，系统会生成很多参数，其中我认为最为重要的参数是“时间常数”和“样品耦合百分比（sample coupling）”。

　　时间常数的作用：首先可以通过它大致判断测量一个比热数据需要多长时间；另外，时间常数太短，需要考虑数据是否可靠。这是因为加热时间太短，如少于1s，加热器的热量只是传到了样品台及温度计，还没有传到样品上，就停止加热了。测的数据拟合结果还可以，系统就会认为该数据是好数据，于是测量下一个温度点的数据了。但是，实际上，测量的只是样品台的比热信息，而样品的比热信息根本没有反映到测量曲线中！

　　这种数据的特点是，样品的比热值很小，甚至是负的，且随温度变化不大。

　　下面是我遇到的一个实际测量例子。

　　图2-4-6到图2-4-8是我们以前在PPMS上测量的分子磁体Ni4的比热数据及时间常数、样品耦合随温度的曲线。其中，空心点数据是降温时测量的数据；实心点是升温测量的数据。Ni4在0.9K的反铁磁相变，在降温曲线上可清晰看到。而升温曲线则没有看到相变。

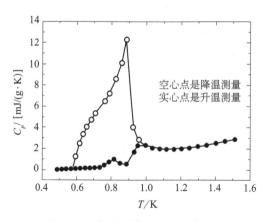

图2-4-6　分子磁体Ni4的比热曲线

　　从图2-4-6和图2-4-7中可以看到，升温曲线中，1K以下数据，比热值很小，且时间常数基本小于1s。当时间常数在10s时，比热值增大很多，且与降温数据是重合的，时间常数也是重合的。

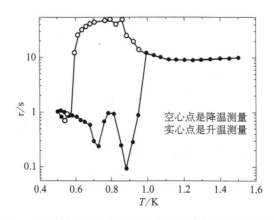

图 2-4-7　分子磁体 Ni4 的比热数据中时间常数随温度的变化曲线

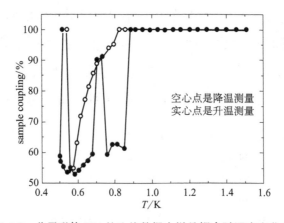

图 2-4-8　分子磁体 Ni4 的比热数据中样品耦合随温度变化曲线

从图 2-4-8，发现参数样品耦合在 1K 以下都不是很高。降温曲线表明样品耦合是逐渐变差的，而升温曲线则一直很差！

通过观察这两个参数，基本上可以得到结论：升温曲线的数据有问题。原因是测量的时间太短，样品的比热信息没有反映到测量曲线中。

具体原因是：PPMS 的比热测量过程中，是用上一个测量数据点的时间常数作为下一个测量点的测量时间的。在 0.9K 附近，样品发生相变，样品本身热导变差，且随着温度降低越来越差。而降温数据中的样品耦合反映了这一现象，所以降温数据是正常的。

但是在测量升温曲线时，由于默认的第一个测量的时间常数较短，系统判断测量的数据还合理，就一直采用很短的时间常数进行测量。直到超过相变温度，样品的比热信息耦合进入测量曲线中，数据才恢复正常。所以升温曲线是不正常的。

参数 sample coupling 反映的是：样品台温度随时间变化的曲线与标准 e 指数函数拟合的一致度。当该参数低于 90％时，就要考虑到"比热值与实际值可能有偏差了"！

PPMS 的系统认为，sample coupling 不能达到 100％的原因是"样品与样品台的热接触不好导致的"，并据此进行了修正。但在实际测量中，也有少数情况是由于样品本身的原因导致的。如图 2-4-8 中的降温曲线，sample coupling 是逐渐变差的，其原因就是样品本身的热导率在变差。

另外，我实验中发现，在铁磁、超导相变中，sample coupling 没有明显变化。但是在结构相变中，却有着明显的变化。

图 2-4-9 中数据就是我利用 PPMS 测量的结构相变的例子。在相变温度，样品耦合也同时发生了明显的变化。

> **个人理解**：在这个相变中，不是"粒子能量统计分布"随温度的变化；而是由于结构变化导致的整体能量的改变，并伴随有少量潜热产生，导致变温曲线不再是 e 指数规律的原因。

以上是参数样品耦合反映的信息。

> **总之，个人经验是**：在得到一个比热曲线时，要首先观察这两个参数，来判断数据是否正确；同时，或许还能发现一些隐藏的信息呢！

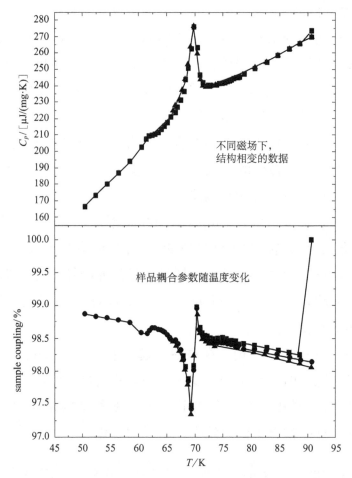

图 2-4-9　结构相变中，sample coupling 随温度变化的曲线

5. 注意事项

1) 初始时间常数的设定

PPMS 的比热测量过程中，是用上一个测量数据点的时间常数作为下一个测量点的测量时间的，那么第一个点怎么办呢？在第一个比热点测量时，就要有一个初始的加热时间的设定。PPMS 软件本身默认初始值 4s。测量软件先用这个默认值测量一次，得到时间常数等参数后，再判断这个值合适与否。合适与否的判断依据：一

个是样品台的温度是否上升了 2%，另一个是判断新的时间常数与默认值的差距有多大。若相差 30% 以上，就换用数据拟合得到的 τ 作为测量时间，并重新测量。

但有时，默认的参数刚好满足条件，于是软件就认定这个是好数据了，但实际上误差还是很大的。**所以我们经常会遇到第一个实验点远远偏离整个曲线的情况，如图 2-4-8 中的第一个数据点。**

还有一种情况就是上一节中 Ni4 升温测量比热的例子。

解决这个问题的方法是：

（1）在参数设定中，选定首点时间常数。

（2）在参数设定中，换成更长 τ 的模式。

（3）在参数设定中，适当改变不重合度重新测量的下限。

以上几个参数，在测量参数设定中可以根据情况修改。

（4）尽可能降温测量。因为在较高温度时，时间常数比较长的，出现明显错误数据的概率小。但是如果从低温升温测量，由于初始的时间常数可能很短，不仅头一个点出现错误数据的概率较高，且会导致第二个实验点的时间参数也很短，以此类推，最终导致一系列的点都不对。

另外，降温测量也会稍微节省一些测量时间。这是由于比热测量要在高真空条件下，在高真空条件下，样品的降温比较慢。而降温测量过程，一边缓慢降温，一边测量比热，正好顺势而为，因而节省一些机时。在高真空条件下降温的过程，会比一般模式降温多消耗一个小时左右的时间。

2）样品的形状要求

从原理上来说，形状应该对测量结果没有什么影响的。但在实际测量中，影响还是很大的。这是因为不同的形状，对于样品和样品台之间的导热会有一定的影响，进而对测量结果造成影响。

我们知道，提高热导的一个途径是增加导热面积。PPMS 比热测量系统的样品台是 3mm×3mm 的方形平台，所以样品和样品台接触面的形状越接近3mm×3mm 越好。如果样品平面面积太小的话，那么样品台的多余面积就浪费了；但若是面积太大，样品则会超出样品台，超出部分不仅对导热没有贡献，还很有可能碰到外围的铂丝，从而导致加热不稳定和温度读取的不准确。另外，样品和样品台接触面要尽可能平，有一定的光洁度。

样品厚度的考虑：这需要根据样品的热导情况来选择。导热好的样品，如金属性的，可以厚些，如 1mm 甚至 2mm 也可以。若是导热不好的，如陶瓷类的，就要薄些，最好小于 0.5mm。这是因为热量是从样品的底面传导至顶部的，时间的长短取决于样品本身的热导。如果样品导热差的话，热量传到顶部的时间就会长，那么整个样品台达到温度平衡的时间也自然会长。于是测量的温度-时间曲线就会偏离 e 指数曲线，从而使 sample coupling 变差。

3）质量大小的考虑

质量的追求：虽然 PPMS 用户手册说可以测量的范围是 1~100mg，但是，我个人建议：合适的范围是 8~20mg。这是因为质量太小，比热会很小，而衬底的误差是不变的，因此相对误差就显得大了；而质量太大，测量的时间就会长很多。除非特殊情况，也实在没有必要。其实，质量的追求不是本质的，核心是样品比热的大小。如重费米子体系的样品，低温下热容会很大，这时，质量选择就要小一点的；相反，若是热容很小的材料，质量选择就要大一点。

4）安装过程

为了提高样品台和样品的热导，要在它们之间涂一点 N-grease，要尽可能的少，保证这两个面平稳接触就好了。安装时的秘技是：先在样品台中间放一点 N-grease，而后将样品轻轻放在 N-grease 上，再前后左右移动几下，使样品面充分沾有 N-grease，并能看到 N-grease 被挤出样品底面。最后，样品放置在样品台中间，并要用合适的力量压样品，这时又可以看见 N-grease 从样品底面挤出。这样做的原因是两个界面的导热好坏，还取决于它们之间的压力！这样，样品安装才完成。

5) 样品台衬底比热

从前面的测量过程我们已经知道，系统测量的是样品台和样品共同的比热。从共同的比热中扣除样品台的比热才是样品的比热。所以，样品台的比热作为背景，其准确度影响着样品比热的绝对值。

个人建议在标定样品台的比热时，在样品台上放一点 N-grease，N-grease 的质量与测量样品接近。这样，测量数据在扣除背景数据时，就将 N-grease 的影响也扣除掉了。

有人建议我，先在样品台上放些 N-grease，放到系统里面测量一次，而后，取出来再安装样品，再进行测量。他认为这样做，扣除背景更准确些！

其实，我认为这大可不必！因为测量中用的 N-grease 的量最多 0.1mg，与衬底数据中的 N-grease 质量差距也就 0.05mg。而样品的质量如果是 10mg 的话，这点变化就非常小了。要知道，样品的质量测量误差就有可能要 0.1mg 呢。另外，这种测量方法，误差就是 1‰ 的量级。所以那么做，只是增加了工作量和测量机时，对测量精度提高不大。

另外，我在工作中发现，经常会有细小的毛绒线吸附在样品台的附近和下面，N-grease 也会吸附在样品台的背面。即使清理，也不能彻底清除。所以，每隔三个月或半年，就要重新定标样品台背景的比热，以保证测量时扣除的背景比热尽可能与实际情况接近。

最后说一下，衬底比热会随磁场变化。但是，高于 4K 时，变化不大。低于 4K 时，最好在不同磁场下进行标定，这样才更可靠。

6. 个人经验总结

本人使用 PPMS 中的比热选件已经 15 年了，其中，大多数测量结果是可以接受的，但也有不成功的案例。我也观察过其他人测量的过程，分析他们的实验结果。最终，我得到一个测量成功的经验，即"在明白测量原理的前提下，注意细节"。

当我们明白测量原理后，自然会考虑到样品的温度是否能和测量系统同步升降，进而会考虑到样品的形状是否有利于温度均匀，同时，会考虑样品与样品台的热接触好不好的问题，也自然会根据 sample coupling 的值来判断数据的好坏并进行调整。注意到这些细节后，才能够得到较可靠的数据。

其实，做任何事情都一样，在明白原理的前提下，注重细节，才能取得成功！

第三章　磁性的测量及分析

第一节　原子的磁矩

一、什么是磁矩

我们在高中学物理时就知道，如果单匝矩形线圈的平面垂直于均匀磁场 B 时，其所受力矩为

$$L = I \times S \times B \tag{3-1-1}$$

其中，L 为力矩；I 为通过线圈的电流；S 为线圈的面积。

于是定义磁矩为 $m = I \times S$，这样线圈所受的力矩为 $L = m \times B$，即磁感应强度和磁矩的矢量叉乘。可以证明，圆形线圈磁矩也是这个表达式。

由此，我们可以了解磁矩的性质是：

（1）方向性：磁矩是个矢量，具有方向性。确定方向的方法是右手定则，即将右手的四指弯曲，代表线圈中的电流回绕方向，伸直的拇指即是平面的法线方向，也就是磁矩的方向。

如果两个方向相反的、磁矩大小一样的线圈在一起，它们的磁矩之和为 0，对外不显示磁性。

（2）扭转性：当磁矩的方向和外磁场不一致时，由于所受力矩

作用，将使线圈扭转，致使磁矩和外磁场方向一致为止。如果有其他作用力导致线圈磁矩无法完全和磁场方向一致，这时线圈将做进动。

（3）磁性：由毕奥-萨伐尔定律，我们知道：环形线圈沿轴心方向很远处，产生的磁感应强度为

$$B = \frac{\mu_0 R^2 I}{2 r_0^3} \tag{3-1-2}$$

其中，B 为磁感应强度；μ_0 为真空磁导率；R 为环形线圈的半径；I 为电流强度；r_0 为测量点与环形线圈间的距离。

很显然，$I\pi R^2$ 即为环形线圈的磁矩了。所以，磁矩在沿轴心方向很远处产生的磁感应强度随距离三次方衰减；另外，如果距离 r_0 已知，通过测量磁感应强度，可以得到线圈磁矩的大小信息。

（4）磁位能：磁矩与磁感应强度的点乘，即 $W = -\boldsymbol{m} \cdot \boldsymbol{H}$，表示磁矩在外磁场中的势能。换句话说，磁矩和磁场强度同方向时，能量最低，为 $-mH$；而反向排列时，能量最高，为 mH。此为经典的对磁矩的理解。而原子磁矩也有类似的图像。

二、原子磁矩

在原子核外，环绕着电子，像一个个小的电流环。这些电流环自然会产生磁矩。另外，电子本身也有自旋，也产生磁矩。环流产生的磁矩，称为轨道磁矩；电子自旋产生的磁矩，称为自旋磁矩。所以原子核外电子产生的磁矩是轨道磁矩和自旋磁矩的矢量和；同时，由于电子轨道的形状不一定是圆形的，且电子会在不同的轨道上穿越，所以电子的磁矩不能再用经典的模型电流乘以面积得到了。

但是，电子的磁矩正好与角动量成正比！而电子的角动量，在

量子力学中已经有充分的计算解了。于是，知道了电子的角动量，就可以得到其产生的磁矩了。

　　然而，电子的轨道角动量和自旋角动量相应产生的磁矩关系并不一样！轨道角动量对应产生的磁矩，称为轨道磁矩；自旋角动量对应产生的磁矩，称为自旋磁矩。轨道磁矩与轨道角动量的比例关系（又称为旋磁比）为 $-\dfrac{q}{2m}$；电子自旋的旋磁比为 $-\dfrac{q}{m}$。这两者相差一倍！因此作为矢量的磁矩，就不能通过简单的角动量之和得到了！

　　但是，幸运的是，朗德先生已经帮我们解决了，这便是朗德因子的作用。

　　诸多电子的轨道角动量和自旋角动量耦合到一起的方式有两种：

　　第一种方式是：首先，所有电子的轨道角动量耦合起来，形成总轨道角动量 L，自旋角动量也耦合起来，形成总自旋角动量 S，而后 L 和 S 再耦合起来，成为总角动量 J。**这是 L-S 耦合。**

　　另一种方式是：电子各自的轨道角动量和自旋角动量先耦合起来，成为 J_i，而后所有电子的综合角动量再全部耦合起来，成为总角动量 J。**这是 J-J 耦合。**

　　现在，得到了总角动量之后，再利用朗德因子，就可以得到总磁矩了，即如

$$\mu_J = -\,g_J\,\frac{q}{2m}J = -\,g_J\,\frac{q}{2m}\sqrt{j(j+1)}\,\hbar = g_J\sqrt{j(j+1)}\,\mu_{\text{B}}$$

$$g_J = 1 + \frac{J(J+1)+S(S+1)-L(L+1)}{2J(J+1)}\,(L\text{-}S\ \text{耦合的计算公式})$$

其中，g_J 为朗德因子，在 1 和 2 之间。当轨道角动量为 0，完全由自旋角动量组成总角动量时，g_J 为 2；当自旋角动量为 0，完全由轨

道角动量组成总角动量时，g_J 为 1；q 为电子的电荷；m 为电子的质量；$\hbar$ 为普朗克常数，数值为 $1.054\,588\,7\times10^{-34}$ J·s；J 为总角动量（矢量）；j 为总角动量的取值；μ_B 为玻尔磁子，$\mu_B = \dfrac{q\hbar}{2m} = 9.274\,078\times10^{-24}$ J·T^{-1}；S 为自旋角动量；L 为轨道角动量。

然而，总磁矩、总角动量的意义并不大！！！ 这些电子的角动量实际取值对磁现象更重要！而且在磁场下，不同角动量（或者说不同磁矩）的态能量也不一样！这也是这些取值称为磁量子数（M_j）的原因。

M_j 的取值为：$M_j = J$，$J-1$，…，$-J$。共有 $2J+1$ 个 M_j 的值。实际就是角动量在磁场方向上有 $2J+1$ 个分量。每个角动量分量，对应一个磁矩 μ_j

$$\mu_j = -g_j M_j \mu_B$$

每个分量，就是一个定态。各个态在磁场下的能量差为

$$\Delta E = g_j \mu_B \Delta M_j B \tag{3-1-3}$$

其中，g_j 为朗德因子；M_j 为磁量子数。

由于能量越低的态，粒子停留的时间越长，所以，态之间的能量差、势垒和温度的关系，以及磁矩间的相互作用共同决定了粒子的磁行为。

我们开头时说，原子核外围环绕着许多电子。但是，不是所有电子都有磁矩对外贡献。对于内层饱和的电子，由于每个轨道都占据两个电子，且它们自旋和轨道都是相反的，所以，总角动量为 0，总磁矩也为 0。当一个原子或离子，外层或次外层轨道在没有完全占据时，电子的总角动量不是 0，也因此对外有磁矩贡献。

而且，这些未饱和的电子的磁性要比原子核的磁矩、饱和电子的抗磁性等强很多，于是，人们用"原子磁矩"来表述它们的磁矩。

以上内容，如朗德因子的计算等详细过程，请参考褚圣麟老师编著的《原子物理学》（1979）；姜寿亭，李卫老师编著的《凝聚态磁性物理》（2003）和黄昆老师原著，韩汝琦老师改编的《固体物理学》（1988）。

三、固有磁矩和有效磁矩

上面提到的 μ_J，又称作固有磁矩，这是因为它不随外磁场改变的缘故，这是固有磁矩的重要特点。而以后会讲的"原子的轨道抗磁性""泡利顺磁"等磁信号会随外磁场变化而变化。

然而，固有磁矩并不一定是物质对外显示的磁矩。这是因为当磁性原子或离子受到周围晶体场的作用，或者还有其他的激发态，再或者被外层电子、自由电子屏蔽等的"影响"，将导致材料对外显示的磁矩会大大改变。而我们通过实际测量磁化率得到的平均每个磁性原子对外显示的磁矩大小，称为有效磁矩。有效磁矩，才是综合了所有"影响"的、实际对外显示的磁矩。有效磁矩有时与固有磁矩一致，有时差距很大。

第二节 磁性的宏观表现

一、当原子的固有磁矩不为零时

当原子的固有磁矩不为零时，磁矩之间会直接或间接地发生相互作用。这种相互作用产生的能量大小，会随磁矩之间位置关系而变化。有时相邻磁矩之间同向排列能量最低，有时是反向排列能量最低，也有时倾斜态能量最低，也有时相互作用太弱，而相互作用完全忽略。因而，材料对外部显现出铁磁性、反铁磁性、倾斜磁性或顺磁性等磁性。

声子的作用使系统进入无序态，其平均能量可以用 $K_B T$ 表示。也就是，在温度为 T 时，让系统处于无序状态的能量为 $K_B T$。上述铁磁性或反铁磁性等磁有序态，在温度高于居里温度或奈尔温度后，由于声子的作用大于磁相互作用，而使系统进入无序态。其对外显现出顺磁性的特征来。而一些材料，在室温是顺磁性的，但是到了低温，声子的能量变低，磁矩间相互作用凸显出来，形成了铁磁态或反铁磁态等，并表现出相应的磁性特征来。

总之，磁矩的相互作用致使磁矩之间形成有序态，而声子的作用是使系统进入无序态。这是一对相反作用的因素；也是我们要研究"磁性随温度变化"的原因之一。

下面，我们来了解一下各个磁性的特征。

1. 顺磁性

顺磁性的现象是物质的磁化强度随着外磁场线性变化的现象。即物质的磁化率不随磁场变化。

$$\chi = \frac{M}{H} \tag{3-2-1}$$

其中，χ 为磁化率；M 为磁化强度；H 为磁场强度。

产生顺磁性的原因是：磁矩间没有相互作用，或者其相互作用能远远小于温度的平均能量。因此，各个磁矩是独立的、无序的、任意旋转的。当有外加磁场时，各个方向的磁矩都会在磁场方向上贡献一定的磁矩，于是，磁化强度和与磁场强度成正比。但是，这个特征成立的条件是：$\frac{J g_J \mu_B B}{K_B T} \ll 1$。也就是磁场下的 M_J 态的分裂能远远小于温度的平均能量。

顺磁性的特征：

$M(H)$ 曲线，是一条直线，斜率为正值。

$M(T)$ 曲线符合居里定律。对于大量的气体、液体和固体，其磁化率近似服从居里提出的经验定律

$$\chi = \frac{C}{T} \qquad (3\text{-}2\text{-}2)$$

对于铁磁性材料、反铁磁性材料，甚至亚铁磁性材料，在一定范围内，较好地符合居里-外斯定律

$$\chi = \frac{C}{T + \Delta} \qquad (3\text{-}2\text{-}3)$$

其中，C 为居里常数，通过它可以计算出有效磁矩；Δ 为常数，对于标准顺磁性材料，Δ 为 0；对于铁磁性材料，Δ 为负值，Δ 的绝对值为顺磁居里温度；对于反铁磁性材料，Δ 为正值，与反铁磁奈尔温度有关系；对于亚铁磁性材料，Δ 的值不确定正负，但是还是能反映磁矩间相互作用的。

图 3-2-1 是我在 SQUID VSM 上测量的一个顺磁材料的磁化率随温度的曲线（$\chi - T$）和磁化率取倒数随温度的曲线（$1/\chi - T$）。从 $\chi - T$ 曲线上，很难判断在低温处，材料是顺磁的还是铁磁的。但是，从 $1/\chi - T$ 曲线上，可以看出，即使到了很低温度，其磁性行为依然遵循居里外斯定律。由此可以判断出：该材料在测量范围内是标准顺磁材料！

2. 超顺磁态

在 1955 年，C. P. BEAN 在研究铁磁微粒在固溶体的磁性时发现，当磁性颗粒小到一定程度时，磁滞回线上是没有磁滞的；但是，在小磁场时，磁导率又很高，磁场稍高时，又有饱和现象。于

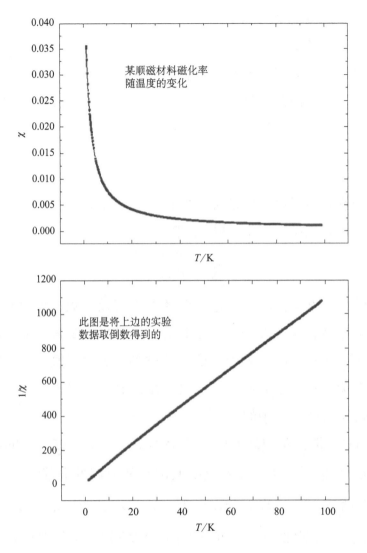

图 3-2-1 顺磁性 χ-T 及 $1/\chi$-T 曲线

是，定义这种磁现象为超顺磁态。

　　现今，因磁量子隧穿现象而备受人们关注的单分子磁体材料，其核心是由多个磁性原子组成的磁性集团，外围由有机分子连接；这种材料磁性颗粒大小一样，且均匀分布，磁集团之间相互作用很弱，是一种典型的超顺磁材料。

超顺磁的物理图像是：

存在一个较高的居里温度，在这个居里温度以下，几个近邻的磁性原子形成铁磁性的有序结构，组成一个具有较大有效磁矩的磁集团。这些磁集团一般具有各向异性，所以，磁集团在晶格场中不同的方向能量也不同。

当温度高于阻塞温度，而低于居里温度时，磁矩在各个态之间的弛豫时间很短，因此没有磁滞现象。由于磁集团的有效磁矩比较大，因此，在小磁场条件下，磁导率较高；在稍高的磁场下，一般是几个特斯拉，由于顺磁条件 $\dfrac{J g_J \mu_B B}{K_B T} \ll 1$ 不再满足，而倾向于满足强磁场条件 $\dfrac{J g_J \mu_B B}{K_B T} \gg 1$，所以，磁化强度有饱和趋势。

当温度低于阻塞温度时，由于弛豫时间变长，在磁场改变时，磁矩不能在测量时间之内达到新的平衡态，因此会出现磁滞现象。阻塞温度的定义是：测量时间等于弛豫时间时的温度。由此可知，不同测量方法得到的阻塞温度是不同的。

与自旋玻璃态的区别是：超顺磁材料的各向异性是由磁集团与晶格场相互作用形成的；而自旋玻璃态是磁矩间的铁磁、反铁磁相互作用竞争导致的。

超顺磁的特征是：

（1）**M-T 的曲线，ZFC 和 FC 曲线是在某个温度下分开的**。如图 3-2-2 所示，在低于阻塞温度后，FC 曲线基本是平的，也有类似铁磁材料是一直上扬的。主要取决于磁场各向异性能和温度的比例关系。

（2）M-H 曲线上，在高于阻塞温度时，是没有磁滞的；低于阻塞温度时，还是有磁滞的。产生磁滞的原因也是磁矩达到平衡态的时间很长。**如果测量足够慢的话，是可以没有磁滞的。**

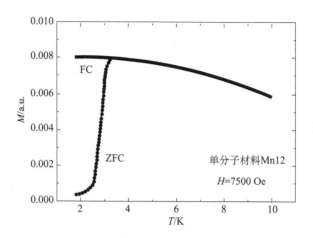

图 3-2-2　单分子磁体的代表 Mn12 的 ZFC、FC 曲线

（3）**在交流磁化率温度关系曲线上，会有一个峰值出现，且峰值会随着频率的变化而变化。一般是频率增加，峰值所处的温度会往高温偏移。**

对于单畴的材料，有单一的弛豫时间，在磁化率的虚部-温度关系曲线上，会出现一个极大峰，在峰值的位置，有 $\omega\tau=1$ 的关系，如图 3-2-3 所示。

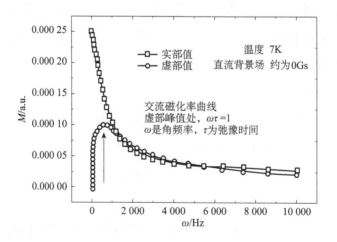

图 3-2-3　Mn12 掺 Cr 的材料随频率变化的曲线图

如果测量一系列不同温度的交流磁化率-频率曲线，得到几组 (τ, T_B) 数据。利用下面公式

$$\tau = \tau_0\, e^{E/K_B T_B}$$

其中，E 为有效势垒；τ_0 为弛豫时间常数；K_B 为玻尔兹曼常数，就可以拟合计算出该材料的弛豫时间和有效势垒。

（4）对于单分子磁体材料，大多会出现磁量子隧穿现象。

磁量子隧穿，简单地说，就是：如果一个磁矩，由于晶格场的作用，只能在上、下两个方向上长期停留。而上、下两个方向之间有一个势垒，如果温度远低于阻塞温度时，磁矩不能在上、下两个方向上任意变换。但是，当向上和向下的磁矩的能量相同时，磁矩就能在上、下两个方向上穿梭，人们称这种现象为磁量子隧穿。

图 3-2-4 中的数据，是我在 PPMS 测的单分子磁体 Mn12 的磁滞回线。温度是 1.9K，扫场速度是 10Oe/s。磁量子隧穿的特征：在某些特定的磁场下，磁矩变化率比其他磁场快很多。这些特定的磁场，就是让磁矩向上和向下能量相同的磁场。例如，在 4600Oe 处，向上的总自旋分量 $S_z = 9$ 的能量和向下的 $S_z = -10$ 的能量正好相等。此时，$S_z = -10$ 的磁矩就直接变成 $S_z = 9$ 的态了，也就是磁矩的方向从向下的突然变成向上的了。从实验上，就是看到在 4600Oe 或其整数倍时，磁化率变得比其他处要快。

3. 自旋玻璃态

自旋玻璃态：在一定浓度的磁性离子的体系内部，由于磁性离子间的**反铁磁相互作用和铁磁相互作用的竞争**，且此竞争是旗鼓相当的，所以导致磁性离子有些是铁磁排列，有些是反铁磁排列，因而总体排列出现无序，我们称这种态为自旋玻璃态。对于磁性非晶材料，我们可以理解为很多微小单晶无序地排列而成，因此，形成的磁有序结构也是无序的，其磁性行为也是自旋玻璃态的。

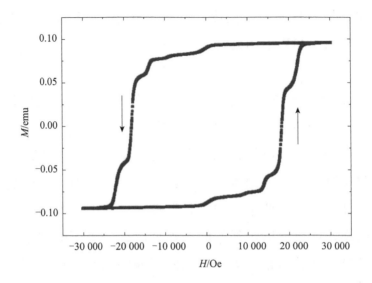

图 3-2-4　单分子磁体 Mn12 的磁滞回线

自旋玻璃态的特征是：

（1）**χ-T 曲线上，ZFC 和 FC 有明显分叉。在冻结温度以下，FC 曲线有的是平的，也有的是上扬的。主要取决于磁矩相互作用能和温度的比例关系**（见图 3-2-5）。

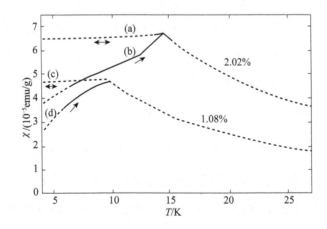

图 3-2-5　自旋玻璃材料 CuMn 合金的 ZFC、FC 的 χ-T 曲线 （Nagata S et al.，1979）

（2）**在冻结温度以下，也有磁滞现象。**但是，产生磁滞现象的原因是磁矩达到平衡态的时间很长。如果测量足够慢的话，也是可以没有磁滞的。

（3）**在交流磁化率-温度关系曲线上，会有一个峰值出现，且峰值会随着频率的变化而变化。**一般是频率增加，峰值所处的温度会往高温偏移，**这是和反铁磁有序区别的重要实验证据！**

图 3-2-6 是我在 PPMS 上测量的某自旋玻璃材料不同频率的交流磁化率（χ_{ac}）曲线。并不是每个自旋玻璃的样品都能测量出"峰值随频率的变化"，主要原因是测量精度小于材料的变化。

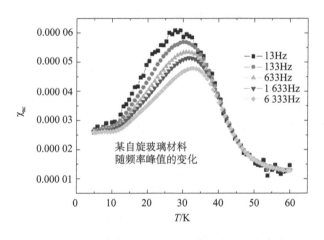

图 3-2-6　某自旋玻璃材料不同频率的交流磁化率曲线

比较超顺磁态和自旋玻璃态的磁性测量中的特征，发现它们的特征非常接近。由于自旋玻璃态的意义不大，人们并不太关心它。如果材料中有类似的性质，往往在文章中只说是"类似自旋玻璃行为"。

　　如果非要找区别，或许有（个人理解）：①一般的自旋玻璃材料，因为没有大的磁集团，所以，磁化强度不容易饱和；②另外，在小磁场处，也没有高的磁导率；③自旋玻璃态的材料往往不是单畴的，所以弛豫时间是一个分布；而超顺磁材料往往是单一弛豫时间的。

4. 铁磁性

在铁磁居里温度以下，晶体内部所有原子磁矩全都沿一个方向排列起来的有序态，称为铁磁态。

铁磁性的基本特征是：

（1）有磁滞现象。磁滞现象是当磁性材料被磁化到饱和以后，外磁场减小过程中，材料的磁化强度不会同步减小直到加反向磁场时，才会逐步减小，最后达到反方向的磁化饱和。因此，升场方向和降场方向的磁化曲线不重合，它们之间有个回滞，如图 3-2-7 所示。

图 3-2-7 是我在 PPMS 上测量的一个磁性样品的磁滞回线。温度是 300K，沿着易轴和难轴方向各测量一次。易轴的曲线，基本是一个标准的铁磁磁滞回线。而难轴的曲线，理论上应该是一条直线。但是，图中数据还是有一定磁滞的。一则是样品不会无限长，再则安装样品的难轴也不会严格地平行于外磁场。

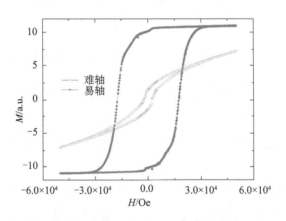

图 3-2-7 某铁磁材料难轴和易轴的磁滞回线

（2）低于居里温度后，对于强铁磁性材料（如铁、钴、镍等），磁化强度随温度基本不变。其 M-T 曲线如图 3-2-8 所示。一般理解为材料已经饱和磁化。在居里温度附近，磁化率会快速上升，但是，磁化率变化的极大值，不对应居里温度。

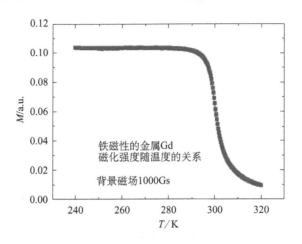

图 3-2-8　金属 Gd 的磁化强度随温度的曲线

（3）高温区的磁化强度随温度的变化曲线（M-T）符合居里-外斯定律。可以用居里-外斯定律很好地拟合，得到负的 Δ 值，该值为顺磁居里温度。图 3-2-9 即是我在 PPMS 上测量的金属 Gd 的磁化率温度曲线取倒数后拟合的结果图。可以看出，在高温区，与居里-外斯函数拟合得很好。

但是有些材料，居里温度很低（我们称之为弱铁磁性材料），其 M-T 曲线与顺磁性材料的行为差不多，磁化强度随温度降低一直增加，并没有饱和的趋势，如图 3-2-10 中数据图所示。此时，可以通过居里-外斯函数拟合高温数据，直线与温度轴相交于正半轴，来确定材料具有铁磁性。但是，这个方法只能用于辅助证明。因为数据拟合得不好、或者材料有亚铁磁性等，都会导致拟合结果不正确。最好结合"磁滞回线"是否有磁滞现象，来判断是否有铁磁性。

（4）在铁磁居里温度点附近，Arrort 图是线性的。在第四节

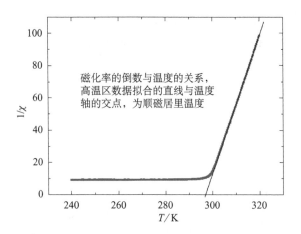

图 3-2-9　金属 Gd 的磁化率取倒数后，用居里外斯函数拟合的结果图

中，铁磁居里温度中有详细的说明。

5. 反铁磁态

反铁磁相变温度叫做奈尔温度。在奈尔温度以下，两个相邻的原子磁矩反向排列。这样的磁有序态，称为反铁磁态。

反铁磁态的特征：

（1）带场降温的 M-T 曲线，在奈尔温度处，磁化强度开始减小。并且是随温度降低，单调减小，但不能到负值，如图 3-2-11 所示。

（2）磁化曲线是线性的，且没有磁滞。也就是类似于顺磁态的行为。

（3）有些材料的奈尔温度很低，我们可能无法测量到，也就是看不到磁化强度减小的现象。但是，可以用"居里-外斯函数拟合 M-T 曲线的高温部分，直线与温度轴相交于负半轴"来进行判断，如图 3-2-12 所示。

6. 亚铁磁

在反铁磁性物质中，反向排列的磁矩大小相等，因此不加磁场

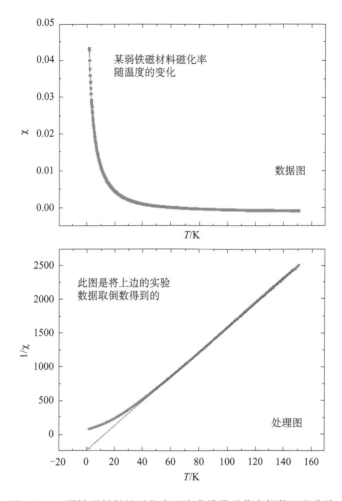

图 3-2-10 弱铁磁材料的磁化率温度曲线及磁化率倒数温度曲线

时，不对外显示磁性。但是，还有许多物质，相邻的磁矩是反向排列的，磁矩大小并不相等，因而总磁矩不是零，存在着自发磁化。这一类物质，称为亚铁磁性物质。在我实际测量过程中，遇到更多的是这种亚铁磁材料，而标准的反铁磁材料倒是很少遇到。

亚铁磁的特征是兼有铁磁性和反铁磁性的特征，又有自己独特的行为。

（1）在居里温度以上，呈现顺磁性；但是磁化率随温度的关系

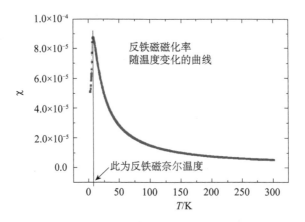

图 3-2-11　反铁磁材料的 χ - T 特征曲线

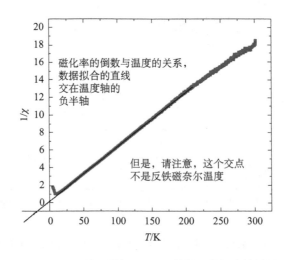

图 3-2-12　反铁磁数据用居里-外斯函数拟合结果图

很复杂，不能简单地用居里-外斯定律拟合。理论上计算，亚铁磁材料的 M-T 曲线是双曲线特征的，所以当温度很高时，也可以用 $\chi = \dfrac{C}{T-\theta}$ 拟合的。然而，θ 不能直接反映相变温度，但是和磁矩间的相互作用有关。

（2）在居里温度以下，也有磁滞现象。

（3）在居里温度前后，磁化率温度曲线的形状较为复杂。但是，必有磁化率随温度减小的现象；并且随温度的进一步降低，磁化率又上升的现象如图 3-2-13 所示。

图 3-2-13 中的数据图，是我在 SQUID VSM 上测量的一个亚铁磁材料的 $\chi(T)$ 曲线。随着温度的降低，在约 17K 附近，样品的磁化率开始减小，但是到了 5K 附近，样品的磁化率又开始增加。在 17K 处，明显是一个反铁磁有序的相变，随着外磁场的增加，转变温度往低温偏移；磁场强度超过 2T 时，反铁磁相变被抑制。温度到了 5K 附近，磁化率增加，意味着样品内部又发生了铁磁相互作用。并且，在 2K 处的磁滞回线也是磁滞现象的。从而进一步说明 5K 附近的相变是铁磁相变。

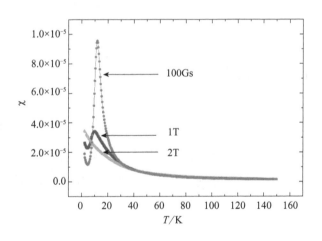

图 3-2-13　一个亚铁磁材料的 χ - T 曲线图

图 3-2-14 是姜寿亭和李卫老师编著的《凝聚态磁性物理》（2003）中列出的亚铁磁的六种类型 M - T 曲线。此图的源头是文献 J. Samuel. Smart. Amer. Physics，1995，23：356 中的插图。姜寿亭老师将文献中的图整理了，更便于读者观察了。

但是，我测量过的亚铁磁的数据，都是与图 3-2-13 类似的。或许是我测量的样品少的原因吧。

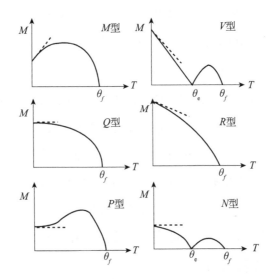

图 3-2-14　亚铁磁六种类型的 M-T 曲线

二、当原子的固有磁矩为零时

当原子核外电子正好满壳层排列时，电子轨道磁矩和自旋磁矩矢量和正好为零，因而不对外显示磁性。这时候，磁信号较弱的一些磁现象，如原子的轨道抗磁性、范·夫莱克顺磁性及电子的泡利顺磁和朗道抗磁等开始显现出来。

1. 原子的轨道抗磁

经典的理解：在没有磁场时，核外电子绕核转动的平均电流为零；当处在磁场中时，由于磁场对电子的作用，此时，平均电流不再是零。而这个电流会产生一个反向的磁矩。并由朗之万推导出

$$\chi_{\text{orbit}} = -Nz\frac{\mu_0 e^2}{6m}\overline{r^2}$$

其中，χ_{orbit} 为原子的轨道抗磁；N 为单位体积的原子数；z 为每个原子的电子数；m 为电子的质量；e 为电子电荷；$\overline{r^2}$ 为电子到旋转

其中，$N(E_F^0)$ 为费米面处的能态密度；μ_0 为真空磁导率；μ_B 为玻尔磁子。

4. 自由电子的朗道抗磁

在磁场中运动的电子，会形成一系列的朗道能级。著名的实验现象是德·哈斯-范·阿尔芬效应，即在低温、强磁场条件下，磁化强度、电导等物性随磁场周期震荡。当温度比较高时，朗道抗磁性仍然存在。对于近自由电子，其抗磁磁化率（其磁化率一般记作 χ_l）为

$$\chi_l = \frac{1}{3} N(E_F^0) \mu_0 \mu_B^2 \left(\frac{m}{m^*}\right)^2$$

m^* 为电子的有效质量。

于是，在考虑自由电子的泡利顺磁和朗道抗磁后，自由电子总的磁化率为

$$\chi = N(E_F^0) \mu_0 \mu_B^2 \left(1 - \frac{1}{3}\left(\frac{m}{m^*}\right)^2\right) = 顺磁磁化率 \times \left[1 - \frac{1}{3}\left(\frac{m}{m^*}\right)^2\right]$$

综合这四项，也就是：原子的轨道抗磁 χ_{orbit}；原子的范·夫莱克顺磁磁化率 χ_{VV}；自由电子的泡利顺磁 χ_p 和朗道抗磁 χ_l，它们共同的特征就是随温度变化不大。它们共同组合成了居里-外斯关系式 $\chi = \chi_0 + \frac{N\mu_0 \mu_J^2}{3K_B(T-\Delta)}$ 中的 χ_0。只是在不同体系中，每部分贡献比例不同。

5. 半导体内部的载流子的磁性

由于半导体内部的载流子的浓度很低，服从玻尔兹曼分布。由此基础推导的顺磁磁化率的关系如下。

在 $\mu_B B \ll K_B T$ 时，有

$$\chi_p = n\frac{\mu_0 \mu_B^2}{K_B T}$$

同时，载流子还具有朗道抗磁性，磁化率为

$$\chi_l = \frac{1}{3} n \frac{\mu_0 \mu_B^2}{K_B T} \left(\frac{m}{m^*} \right)^2$$

综合顺磁磁化率和朗道抗磁磁化率，总的磁化率为

$$\chi = n \frac{\mu_0 \mu_B^2}{K_B T} \left[1 - \frac{1}{3} \left(\frac{m}{m^*} \right)^2 \right]$$

其中，n 为载流子的浓度；m^* 为载流子的有效质量。

也就是说，这时候，载流子的磁化率也是随温度变化的。在处理数据时，要格外注意！

6. 巡游电子

巡游电子指的是：在晶格之间可以移动，但还保留了原来轨道信息的电子。因此，它们往往对磁信号有贡献。一般 3d、4d 过渡金属有此特征。这些材料的磁化率随温度变化很特殊，有的遵循居里-外斯规律，有的不遵循居里-外斯规律。

总结第 5 和第 6 两项电子的磁性，我们可以发现其磁化率随温度变化也发生变化，甚至不遵守居里-外斯规律。所以，在通过居里-外斯公式拟合数据，得到有效磁矩、居里温度等参数时，要格外小心才是！

三、特殊的磁性现象——超导抗磁性

完全抗磁性和零电阻性是超导体的两大基本属性，和普通的磁性并不相同。而在我们的科研实验中，又常常需要通过磁性测量来分析材料的超导性。所以，我也把这部分内容单列出来，以方便读者。

超导材料一般分为第一类超导体和第二类超导体两种。第一类超导体主要是由单质元素构成的超导体，与第二类超导体的区别是有没有混合态。材料内部全部被超导态覆盖，没有超导态和非超导

态混合的（不考虑中间态），是第一类超导体；而存在超导态和非超导态共存的，为第二类超导体。另外，还有符合 BCS（Bardeen Cooper Schrieffer）理论的，常常称为常规超导体。常规超导体中，既包含第一类超导体，也包含第二类超导体。后来人们发现了高温超导体，其超导机制不符合 BCS 理论，于是常常称之为非常规超导体。（非常规超导体中，T_c 超过所谓的 40K 麦克米兰极限的，又称为高温超导体。）这几类超导体的磁性特征也不同。下面，我们逐一来介绍。

1. 第一类超导体

1）M-H 曲线

具有完全抗磁性，即 $M=-H_0$。在外磁场超过临界磁场 H_c 后，超导态消失，回到正常态。

实际测量中，由于退磁因子的作用，超导抗磁磁化率并不是一直都是 -1 的。具体的过程如下：

（1）在 $H_a < (1-n)H_c$ 时，$M=-H_a$；

（2）在 $(1-n)H_c < H_a < H_c$ 时，$M = \dfrac{H_a - H_c}{n}$；

（3）在 $H_a > H_c$ 时，是正常态，抗磁性 $M=0$。

其中，H_a 为外加磁场强度；H_c 为超导体的临界磁场强度；M 为超导体的抗磁性磁化强度；n 为退磁因子。

图 3-2-16 是我在 SQUID VSM 上测量金属铟的 M-H 曲线。在升场测量过程中，由 c 点到 a 点的超导抗磁信号逐渐减小的现象，是由于退磁因子导致的（样品某些区域已经超过临界磁场而处于正常态）。人们把这个状态称为中间态。而在降场过程中，由 a 点到 b 点一直没有超导抗磁信号的现象，是由于过冷现象导致的。也就是超导成核需要更强的超导涨落的原因。而一旦形成超导核，则会迅

速形成超导态，也就是从 b 到 c 的过程。此部分详细内容，可参考张裕恒老师所著的《超导物理》（1992）中第四章。

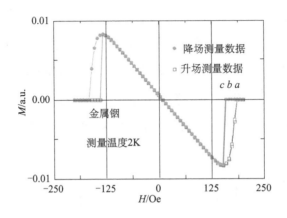

图 3-2-16　超导材料铟的磁滞回线

2）$M\text{-}T$ 曲线特征

图 3-2-17 是我在 SQUID VSM 上测量的金属铟超导转变 $M\text{-}T$ 曲线。其中，升温曲线和降温曲线并不重合。主要是由超导的过冷现象导致的。如果要定义超导转变温度，建议以升温曲线为准。该过程是不受过冷现象影响的，所以更能对应超导序参量的变化。

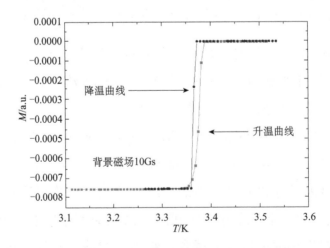

图 3-2-17　金属铟在超导温区附近的 $M\text{-}T$ 曲线

3）交流磁化率的曲线

图 3-2-18 是我在 PPMS 上测量金属铅超导转变的交流磁化率温度曲线。在改变交变磁场的幅值时，可以看到抗磁性信号也成比例增加。

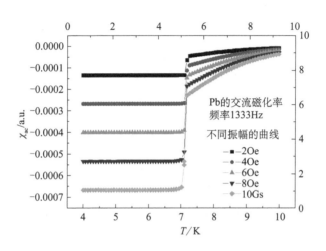

图 3-2-18　金属铅在超导转变温区附近的交流磁化率随温度的曲线

2. 第二类超导体

第二类超导体同样具有迈森纳效应。与第一类超导体不同的是，它有两个临界磁场。分别为：下临界磁场（我们记作 H_{c1}）和上临界磁场（我们记作 H_{c2}）。

在 $H_a < H_{c1}$ 时，$M = -H_a$，和一类超导体一样，具有完全抗磁性。

在 $H_{c1} < H_a < H_{c2}$ 时，磁场以量子化磁通的形式将进入超导体内。样品内部是超导态和正常态共存，因此称之为混合态。随着磁场强度的增大，超导抗磁性会逐渐减小。

在 $H_{c2} < H_a$ 时，超导态完全消失。

1）M-H 曲线

图 3-2-19 是我在 SQUID VSM 上测量的锡铅合金在超导态时的 M-H 曲线。最外圈的温度是 2K，中间圈是在 3.5K，最内圈的测量温度是 5K。

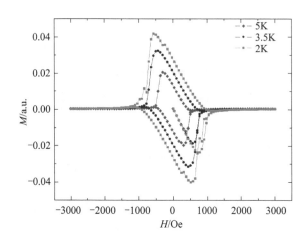

图 3-2-19　锡铅合金在超导态时的 M-H 曲线

其特征是：起始磁化曲线是完全抗磁的；当外磁场正方向增加，超过特征磁场后，抗磁信号逐渐减弱，直到超过 H_{c2} 后，抗磁性消失，而超导态也完全消失。当外磁场从饱和磁场减小时，由于样品内部有很多磁通钉扎，致使外磁场小于 H_{c2} 时，测量磁矩信号是正的！这是与一类超导体不同的地方。如果样品经过退火等软化处理，磁滞回线中的回滞会消失。其 M-H 形状也如图 3-2-16 所示，但一般不会有中间态和过冷现象。

2）M-T 曲线

图 3-2-20 是我在 SQUID VSM 上测量的 LaONiAs 晶须的 ZFC/FC 曲线。样品直径约 $10\mu m$，长度约 5mm，超导抗磁信号只有 1.5×10^{-7} emu！但是，从数据中，可以清晰地分辨出第二类超导体的磁性特征，即 FC 曲线的抗磁性低于 ZFC 的。其物理本质是：在

有磁场降温过程中，第二类超导体允许材料内部有磁通钉扎。而钉扎的磁通与外磁场是同方向的；而超导抗磁性与外磁场是反方向的，因此，抗磁信号比 ZFC 的要小。

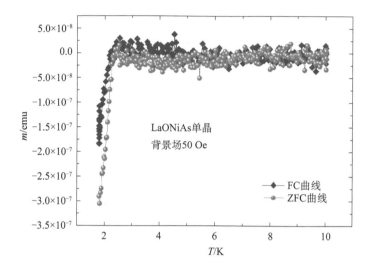

图 3-2-20　一个 LaONiAs 晶须的 ZFC/FC 曲线

高温超导体的 M-T 曲线和一般二类超导体的曲线基本一致，只是 FC 曲线和 ZFC 曲线分得更开些。这是高温超导体的磁通钉扎往往会较强的原因。图 3-2-21 是一个理想的第二类超导体单晶的 ZFC/FC 曲线。图 3-4-10 才是我们实验上常常测量到的高温超导体的 ZFC/FC 曲线。

3）高温超导体 M-H 曲线

高温超导体的磁滞回线与第二类超导体的略有不同。一个区别是：一般 H_{c2} 很高，普通的实验无法直接测量到；另一个区别是：磁滞较大，即使是理想单晶样品，磁滞也不会消失。图 3-2-22 中的样品，是物理所已故熊季午老师给我的。

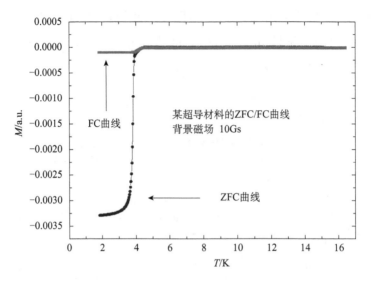

图 3-2-21　理想单晶的 ZFC/FC 曲线

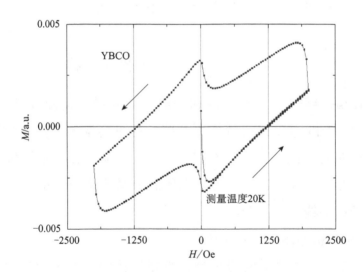

图 3-2-22　高温超导体的代表材料 YBCO（yttrium barium
copper oxide）的磁滞回线

第三节　磁性测量常用的实验方法

一、测量前必备知识

1. 几个物理量

在具体测量、分析各个现象之前，我们首先要了解几个常用的物理量。

1）磁场强度 H 和磁感应强度 B

磁场强度是由电流产生的磁场；磁感应强度是由电流产生的磁场和物质内部磁矩产生的磁场之和。由于这两者的量纲不一样，人们往往认为它们反映的不是同一个物理量。但是，在高斯制公式中，这两者的关系为：$B = H + 4\pi M$。这反映了磁场强度和磁感应强度是同一个物理量（或许高斯对这两个物理量理解更准确些。个人理解）。

从实验的角度，一般会这样理解：磁场强度只与电流有关，没有电流，就没有磁场强度；没有电流的变化，就没有磁场强度的变化；而磁感应强度则还受物质内部磁矩的影响。在不同的物质内部或附近，磁感应强度是不同的。

所以，在描述实验过程中，人们更喜欢使用磁场强度这个参数！因为，这样才会更准确和严格。

2）样品的总磁矩 m 和磁化强度 M

关于磁矩，在第一节已有较详细的说明。我们实验仪器测量的磁矩值，指的是样品所有磁矩的矢量总和，一般称为总磁矩。磁化强度指的是：单位体积内磁矩的矢量和！也就是需要将测量值除以样品的体积。

3）磁化率 χ 和磁导率 μ

当磁矩没有饱和时：

磁化率指的是：在某个磁场强度下，磁化强度的大小，即

$$\chi = \frac{M}{H}$$

而磁导率则是为了反映 B 与 H 之间关系的，即

$$B = \mu\mu_0 H$$

其中，μ_0 为真空磁导率。

可以简单推导出磁导率和磁化率的关系为

$$\mu = 1 + \chi$$

当磁矩饱和时：

磁化率和磁导率的意义就不大了。材料内部的磁感应强度的计算公式为 $B = \mu_0(H + M_S)$。其中，M_S 为饱和磁化强度。

4）各类曲线

$B(H)$ 曲线、$M(H)$ 曲线、$\chi(T)$ 曲线，$\mu(T)$ 曲线，是从不同角度来表述磁学性质的。

$B(H)$ 曲线，反映的是磁感应强度随外场的变化。由于磁感应强度是产生其他效应的本征参数，所以，在工业生产上，人们更多使用的是 $B(H)$ 曲线。

$M(H)$ 曲线，反映的是磁化强度随外场的变化。它更直接反映物质内部磁矩的变化，对于研究物理本质更有利。所以，科研人员更多使用 $M(H)$ 曲线。

同样道理，$\chi(T)$ 反映的是磁化率随温度的变化，更受科研人员的青睐；而 $\mu(T)$ 曲线反映的是磁导率随温度的变化，工业上使用得更多。

2. 磁学单位的认识

现在在磁学研究中，有常用的两种单位制：国际单位制和高斯单位制。涉及的公式和单位都有所不同。但是，在磁性测量上，常用的就是磁场强度、磁感应强度、磁矩和磁化率。所以，我仅把这几个参数的单位列举出来，以方便读者。

磁场强度 H：国际单位制的单位是：安培/米（A/m）；高斯制的单位是：奥斯特（Oe）。

$$1A/m = 4\pi \times 10^{-3} Oe \approx 0.0125 Oe$$

磁感应强度 B：国际单位制的单位是：特斯拉（T）；高斯制的单位是：高斯（Gs）。

$$1T = 10^4 Gs$$

磁矩 m：国际单位制的单位是：安培·米^2（A·m^2）；高斯制的单位是：emu。

$$1A \cdot m^2 = 1000 emu$$

磁化率的计算：在国际单位制中，如果实验上测量的磁矩值为 $a(A \cdot m^2)$；样品的体积 $V(m^3)$，那么得到磁化强度为

$$M = \frac{a}{V}\left(\frac{A}{m}\right)$$

磁化率为

$$\chi = \frac{M}{H}$$

磁导率为

$$\mu = 1 + \chi$$

在高斯单位制中，磁矩的单位是 emu；而很多磁性测量的仪器，给出的磁矩单位也常常是 emu。如果实验中测量的磁矩是 a（emu），而样品体积是 $V(cm^3)$，那么得到磁化强度为

$$M = \frac{a}{V}\left(\frac{\text{emu}}{\text{cm}^3}\right) = \frac{a}{V}(\text{Gs})$$

这是由于单位立方厘米的 emu 正好是 Gs，即 $1\frac{\text{emu}}{\text{cm}^3} = 1\text{Gs}$。

另外，高斯制下磁感应强度和磁场强度的单位 Gs 和 Oe 是相同的，即 $1\text{Gs} = 1\text{Oe}$。所以，在高斯制下，求磁化率是超级简单的，即

$$\chi = \frac{M}{H} = \frac{a}{VH}$$

其中，a 是测量仪器的测量值，单位是 emu；V 是样品的体积，单位是 cm^3；H 是外加的磁场强度，单位是 Oe。

但是请注意，这个值仅是国际单位制中的磁化率的 $\frac{1}{4\pi}$！

磁导率与磁化率的关系为

$$\mu = 1 + 4\pi\,\chi_{(\text{高斯制})}$$

高斯单位制中的磁导率和国际单位制中的相对磁导率是一样的！所以，如果用磁导率来表述物质相关性质，更会减少歧义。

3. 退磁因子

在实验过程中，给样品施加的磁场强度 H_a，由于退磁因子的影响，样品实际感受的磁场强度会有所变化。

样品内部感受的磁场强度 H_i，与外加磁场强度和退磁场强度有关系：

$$H_i = H_a + H'$$

其中 H_i 为样品真正感受到的磁场；H_a 为外加磁场；H' 是退磁场。退磁场的大小只与样品的形状有关。所以，只需要退磁因子 n 来修正，就可以得到样品内部感受到的磁场强度了。

对于柱状的样品，当长度和直径之比大于 10 时，退磁因子大约

只有 0.02 了。而当长度和直径之比为 0.1 时，退磁因子约有 0.9！对于薄膜样品，退磁因子的影响非常大。对于球形的样品，退磁因子为 1/3。记住这些参数，对我们做实验会很有帮助的。

对于一般材料，有 $H_i = \dfrac{H_a}{1-n(1-\mu)} = \dfrac{H_a}{1+n\chi}$

对于超导体 $\mu=0$，于是，简化为 $H_i = \dfrac{H_a}{1-n}$

对于铁磁材料，$\mu \gg 1$，于是 简化为 $H_i = \dfrac{H_a}{n\mu}$

对于一般材料，$\mu \approx 1$，于是 简化为 $H_i \approx H_a$，退磁因子影响不大了。

二、各种测量手段

1. 零场冷和场冷的降温方式

零场冷（zero field cooling，ZFC）即在零磁场背景的条件下将样品冷却到低温的过程；场冷（field cooling，FC）即有磁场背景的条件下，将样品冷却到低温的过程。

这两种降温方式，是研究自旋玻璃和超导的常用手段。因为这两类材料在有场降温和无场降温情况下，系统会进入不同的基态；在升温测量过程中，会表现出不同的特性，所以，这两种降温方式成为该类材料研究的常用手段。

注意事项：

(1) 都要升温测量。因为 ZFC 到达需要的温度后，再加一个磁场才能进行测量，所以，ZFC 曲线只能是升温测量。而 FC 的曲线最好也是相同速度的升温测量过程。这样做的目的是让两次测量过程中，样品的温度尽可能接近，从而更有利于比较测量曲线的不同之处。

(2) 同一磁场。 在测量 ZFC 曲线时，施加的磁场，就是 FC 降温，而后升温测量的磁场。这样做是为了比较同一个磁场对样品基态的影响。

(3) 降温参考。 一般在快速降温过程中，最好顺便测量一条降温曲线。这样的好处是：①通过 ZFC 的降温数据，大致估计剩余磁场的正负；②通过 FC 的降温数据，可以大致判断是否与升温曲线一致，从而粗略判断有没有相变等性质。

(4) 零磁场的定义。 在实验中，没有严格的 0Gs 的磁场！即使做了很好的磁屏蔽，也会有约 1mGs 的磁场存在。例如，普通的 SQUID VSM，经过消磁处理，一般有 1Gs 左右的磁场。所以，在实验中要注意零磁场的定义，即设备的背景磁场不影响测量性质时，就可以认为是 ZFC 了。例如，如果超导材料的 H_{c1} 是 50Gs，那么 1Gs 磁场降温可以认为是 ZFC；但是，如果超导材料的 H_{c1} 是 1Gs，那么 1Gs 磁场降温就不能认为是 ZFC。

2. 磁化强度随温度的变化曲线

即在固定磁场条件下，测量磁化强度随温度的变化曲线 $M(T)$。有升温测量和降温测量两种方式。一般来说，升温曲线和降温曲线是重合的，但也有不重合的情况，可能性有几种：

第一种可能性是：升、降温速度过快导致的。降温时，样品温度滞后于测量温度，也就是稍高于测量温度；升温时，样品温度同样滞后于测量温度，也就是低于测量温度。所以，在升、降温曲线上不重合。也就是样品的实际温度不同于显示温度导致的。只要减小变温速度，就可以消除。

第二种可能性是：热滞效应导致的。这是由于材料在某个温度时发生了吸热或发热的相变导致的。常见的情况是降温时放出热量，升温时吸收热量。若样品不纯净，相变温区很可能较宽，从而导致升降温曲线不重合范围也较宽。

第三种可能性是：磁矩的相互作用能导致的。降温时，磁矩形成新的基态，一旦形成后，会产生内场，导致基态能量更稳定，所以在升温时，需要更高一些的温度，才能使基态破坏。因此升降温曲线不重合。

附注：文献中，常常用到的是 $M(T)$ 曲线，而磁化率温度曲线 $\chi(T)$ 才是更规范的。那么，为什么要使用 $M(T)$ 曲线呢？

这是由于：

（1）我们的测量设备剩余磁场具有一定的不确定性，大致在高斯量级。如果我们测量的 $M(T)$ 曲线是在小磁场条件下的，这时，实际的磁场误差会较大，转换为 $\chi(T)$ 曲线，反倒不严格了。

（2）如果样品在某个温度下，B 增加很多，这时，在计算磁化率时，就要考虑退磁因子的影响了。在经过数据处理后，才可以得到磁化率。然而那样，不仅过程繁琐，且展现的也不是原始数据了。

（3）$M(T)$ 曲线更直接反映样品的磁性质，对于人们理解其物理图像更有利。

所以，在解决上述问题后，才能使用 $\chi(T)$ 曲线表征材料性质。

3. 磁化曲线

磁化曲线 $M(H)$ 即在某一固定温度下，测量磁化强度随外磁场单调增加的曲线。

起始磁化曲线：磁化曲线中，更为重要的是起始磁化曲线。这对于研究铁磁性、超导等都很有用处。起始磁化曲线指的是：在零磁场降温后测量的，测量初始的磁场强度为 0，同时，样品也是磁中性状态下的磁化曲线。

4. 磁滞回线

磁滞回线 $M(H)$：即在某一温度下，磁场强度从 H_0 开始降场，并开始测量 M，到达零磁场后，再反向加磁场直到 $-H_0$，然后再从 $-H_0$ 升场，一直到 H_0 的测量过程。这样的一个闭合曲线，称为磁滞回线。一般是以零磁场对称的，称为正常磁滞回线。

饱和磁滞回线：如果磁场强度在 H_0 时，磁化强度达到饱和了，称这样的曲线为饱和磁滞回线。

5. 换向磁化曲线

测量一系列的正常磁滞回线，将这一系列曲线的顶点连接起来，这称为换向（正常）磁化曲线。由于换向磁化曲线主要是用于研究材料的磁化过程的，所以，样品在测量前需要退磁，否则，得到的换向曲线意义不大。

6. 磁化强度随时间的变化曲线

磁化强度随时间的变化曲线 M-t：即在恒定温度和磁场条件下，测量磁化强度随时间的变化关系。这主要是针对一些材料，由初始的平衡态达到新的平衡态的时间很长，通过 M-t 曲线测量能发现 M 随时间变化的情况的。也由此可以拟合计算出弛豫时间。

其中，最重要的是剩余磁化强度曲线。即在固定温度下，给样品施加一定的磁场，而后将磁场去掉，测量剩余磁化强度随时间的变化。又分为：

等温剩余磁化强度曲线（isothermal remanent magnetization, IRM）

ZFC 降温到达需要的温度，而后加一磁场，并等待一段时间，最后又将磁场去掉，再测量样品磁化强度随时间的关系。

热化剩余磁化强度曲线（thermo-remanent magnetization，TRM）

在相变温度以上，FC 降温，等到了需要的温度后，将磁场去掉，再测量样品磁化强度随时间的关系。

这两者区别：IRM 的值与加场后等待的时间长短及去场后何时开始测量有关；而 TRM 的值仅与去场后何时开始测量有关。但是，由于 TRM 是 FC 降温方式，所以，有时候不同磁场下的 FC 过程会导致样品状态截然不同，单纯观察一系列 TRM 的值是不行的。

7. 交流磁化率

1）交流磁化率的含义

交流磁化率是一种测量花样繁多、能反映诸多磁信息的测量方法。但同时，也极有可能测到虚假信号，所以需要花费较多时间和精力来研究。

交流磁化率的定义指：对样品施加一个激励磁场——H_{ac}，则样品的磁化强度的响应为 M_{ac}。M_{ac} 与 H_{ac} 的比值，即为交流磁化率 χ_{ac} 的值。

$$\chi_{ac} = \frac{M_{ac}}{H_{ac}}$$

如果 $H_{ac} = H_0 \sin(\omega t)$，则相应的磁化强度也必定是同频率的磁信号；但是，一般会有一个相位差 δ，即

$$M_{ac}(t) = M_{ac}\sin(\omega t + \delta) = M_{ac}\sin\delta\cos(\omega t) + M_{ac}\cos\delta\sin(\omega t)$$

一般将与激励磁场同相位的信号记为实部，即 $M_x = M_{ac}\cos\delta$。而与激励磁场相差 90°信号为虚部，即 $M_y = M_{ac}\sin\delta$。

2）交流磁化率的特点

(1) 近似是直流磁化率的一次导数：当激励磁场的幅值趋于 0 时，则交流磁化率为直流磁化率的一次导数，$\chi_{ac} = \frac{M_{ac}}{H_{ac}} \to \frac{dM}{dH}$。但

是，实际测量时，激励磁场都要 10 高斯量级的磁场，所以，只能近似作为直流磁化率的一次导数。

其特点是：将直流磁化率中的变化凸显出来，有利于观察磁化率变化的细节。

(2) 有更高的灵敏度：由于在测量过程中，使用了锁相技术，使测量的信噪比大大提高。例如，我用的同一个测量系统，直流法测量，精度只到 10^{-5} emu，而交流磁化率的精度可达 10^{-8} emu。

(3) 虚部数据可以反映样品的弛豫时间：在虚部随温度的曲线中，在 $\omega\tau=1$ 之处，会出现一个极大值。详细内容，见第四节弛豫时间部分。

(4) 可以通过变频测量研究有频率依赖的物理性质：最著名的就是自旋玻璃态的交流磁化率的峰值位置会随频率而改变，而反铁磁相变则不会随之改变。

(5) 可以精确反映小磁场变化对材料的影响情况：这是由于激励磁场的幅值可以很精确地、以小步长变化。这对于测量磁化强度对微小磁场变化的精细结构很有利！

3）交流磁化率的测量手法

（1）变温测量（χ-T 曲线）：最常用的是零场下的 χ-T 曲线，也可以是根据需要，测量 ZFC、FC 的 χ-T 曲线；不同磁场背景下的 χ-T 曲线。

（2）变场测量（χ-H 曲线）：最常用的是交流磁化率的磁滞回线。

（3）变频测量（χ-f 曲线）：即其他条件不变，只改变激励磁场的频率，在不同频率下测量交流磁化率的手法。

（4）变幅测量（χ-A_m 曲线）：即其他条件不变，只改变激励磁场的幅值，在不同幅值条件下测量交流磁化率的手法。这主要用于研究材料的磁精细结构。

（5）非线性交流磁化率：首先提出用"非线性交流磁化率"作为探测工作来研究磁一级相变的是 J. Chalupa（1977）和 Suzuki（1977）。虽然他们是用于自旋玻璃的研究，但是实际上，对于其他系统的研究也同样适用。

在激励磁场的作用下，样品响应的磁信号中，与激励磁场同频率的信号，叫做线性磁化率；与激励磁场频率倍频或更高倍频率关系的信号，叫做非线性磁化率。

在相变温度附近，磁化强度和磁场强度的关系可以展开为

$$M = M_0 + \chi_1 H^1 + \chi_2 H^2 + \chi_3 H^3 + \cdots \qquad (3\text{-}3\text{-}1)$$

由于 H 越高次的信号幅值越小，越难以测量到，所以，实际研究中，用到的主要是二倍频信号和三倍频信号。

二倍频信号：即测量激励磁场二倍频率的信号。它反映 H^2 的幅值（χ_2）大小的。从式（3-3-1）可以看出，当 M 和 H 是奇对称时，H 的偶次方项系数应为 0！对于样品处于顺磁态时，二倍频信号是没有的，或者说是没有变化的。但是当有对称性破缺时，如发生顺磁-铁磁转变时，才会有二倍频信号出现。所以，通过测量二倍频信号，可以研究观察是否存在磁对称性破缺的现象。

三倍频信号：即测量激励磁场三倍频率的信号。三倍频信号与 χ_3 等参数的关系为

$$V_{3\omega} = \frac{3}{4}\omega\chi_3 H^3 \qquad (3\text{-}3\text{-}2)$$

其中，ω 为激励磁场的角频率；χ_3 为 H^3 的系数；H 为激励磁场的幅值。

三倍频信号，会反映很多物理信息，如更精确地反映铁磁温

度；自旋玻璃态与超顺磁的区分；超导的磁通蠕动等。

关于非线性交流磁化率部分，详细情况请参考文献（Vair S et al.，2003；Bitch T et al.，1996；丁世英，2009）。

第四节　一些参数的获得方法

一、磁性材料常用参数

铁磁体饱和磁化后，使它的磁感应强度或磁化强度降低到 0 所需要的反向磁场强度分别称为矫顽力 H_C 或内禀矫顽力 H_{CM}

矫顽力 H_C： 在饱和磁滞回线——$B(H)$ 曲线上，$B=0$ 处的 H 的值；

内禀矫顽力 H_{CM}： 在饱和磁滞回线——$M(H)$ 曲线上，$M=0$ 处的 H 的值。

饱和磁化强度 M_S： 当磁性材料的磁化强度不再随外磁场增加而增加时，此时磁化强度称为饱和磁化强度 M_S。

M_S 是永磁材料重要的参数，但是由于一般会随温度变化，所以表征该参数时，要注明温度。

饱和磁感应强度 B_S： 工业化更常用这个参数。一般用公式 $B_S \approx \mu_0 M_S$ 得到，量纲也是特斯拉或者高斯。但是，标准的公式应该是 $B_S = \mu_0 H + \mu_0 M_S$。然而，因为很多 H 对应同一个 M_S，于是，用这个公式反倒无法得到规范的参数了。所以，更严格的称法，应表述为材料的 $\mu_0 M_S$。

剩余磁化强度 M_R： 指的是磁性材料达到饱和磁化后，将外磁场去掉，材料的磁化状态并不回到起始状态，而是保留一定的磁性。这时的磁化强度和磁感应强度即为**剩余磁化强度 M_R 和剩余磁感应强度 B_R**。两者的关系为 $B_R = \mu_0 M_R$。

M_R 是研究材料的磁弛豫时间等物理信息的常用参数。

以上参数，需要用磁滞回线来标定。

图 3-4-1 是我在 PPMS 上测量的一条饱和磁滞回线。由于是 $M(H)$ 曲线，所以，直接能得到的参数是：内禀矫顽力 H_{CM}、饱和磁化强度 M_S 和剩余磁化强度 M_R。

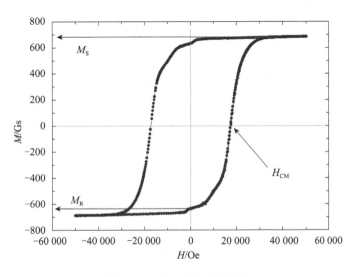

图 3-4-1 饱和磁滞回线图例

下面一些参数是通过换向磁化曲线得到的。

起始磁导率 μ_i：在换向磁化曲线上，磁场接近零处的斜率，即

$$\mu_i = \lim_{H \to 0} \frac{B}{\mu_0 H}$$

最大磁导率 μ_m：指的是换向曲线上最大的斜率。

附：饱和磁化曲线的处理

由于我们测量的铁磁性样品，不仅有铁磁性磁信号，还会有顺磁性的磁信号，甚至一些材料的抗磁性信号也会表现出来（抗磁性一般源于薄膜样品的衬底），所以，实际测量的 $M(H)$ 曲线与图 3-4-1 有很大不同。因此一般情况，需要数据处理后，才能得到标准的饱和磁化曲线。

一般材料的 $M(H)$ 曲线，如图 3-4-2 所示。在较高磁场下，磁化曲线是一条重合的直线。如果是正斜率的，则表明叠加的是顺磁性磁矩的贡献；如果是负斜率的，则说明叠加的是抗磁性的信号。

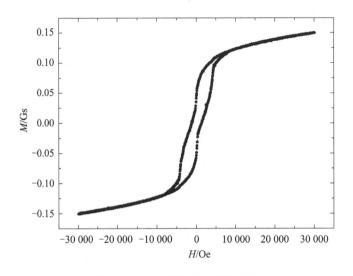

图 3-4-2   一般材料的 $M(H)$ 曲线

处理方法很简单：将"在饱和磁化区域、且升降场重合的数据"进行线性拟合，得到一条形式如 $y=ax+b$ 的直线方程。将测量的数据减去 $y=ax$ 得到新的曲线，即为标准的饱和磁化强度曲线，如图 3-4-3 所示。

注意事项：这种处理的默认条件是"叠加的磁信号是线性的，且是过零的"。若是在饱和区，M 和 H 不是简单的线性关系的话，就不能这么简单处理。那需要具体分析磁性行为，再用函数拟合才行。这种情况很少见，如果遇到了，那更多是样品不纯净，或者是测量有问题导致的。

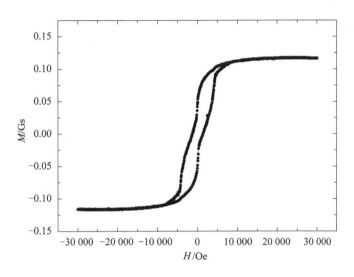

图 3-4-3　处理后的 $M(H)$ 曲线

二、有效磁矩

有效磁矩，指的是磁性原子的固有磁矩在其周围晶格场作用下和外围电子的屏蔽下，对外部实际显现出的磁矩。在实验上测量到的是有效磁矩。有效磁矩是分析物质内部原子结构、相互作用的重要参数！因此，该参数的确定，一定要格外仔细、准确才可以！

1. 通过拟合高温磁化率得到有效磁矩

首先，要选择待测样品的形状，以得到准确的退磁因子 N_D。如球形的退磁因子是 $1/3$，而圆柱形状的，要根据长度 L 和直径 d，通过公式 $N_D = 1 - \left(\dfrac{L}{d}\right)\left[1 + \left(\dfrac{L}{d}\right)\right]^{1/2}$ 计算出来。个人建议，最好是球形的，不仅因为退磁因子简单，还因为椭球体才可以均匀磁化，而有限长的圆柱体在磁场中的磁化是不均匀的。

如果材料的磁化率为 0.01 时，退磁场的影响大约为 0.3%。如果材料的磁化率小于 0.01 时，可以忽略退磁场的影响。因为磁体电流源的精度及超导磁体剩余磁场等影响，已经导致磁场绝对值的偏差在此量级上了。

其次，考虑信号的大小。任何测量系统都是有误差的，测量信号一定要远大于误差，信噪比至少要到 1000 以上。另外，测量系统都有背景信号，并且背景信号可能会随温度变化。所以，测量的信号要远大于背景的信号及其变化的范围，才可以进行数据拟合。若是不能的话，就要测量背景信号，而后在测量的数据中扣除背景信号。

再次，当测量 $M(T)$ 曲线时，外加磁场的选择要高一些，例如 1T。这样是为了尽可能消除地磁场、超导磁体的剩余磁场等不确定因素的影响。

个人建议：采用 ZFC 和 FC 两种方式测量样品的 $M(T)$ 曲线，然后除以样品体积和磁场得到 χ-T 的曲线。一般情况，ZFC 和 FC 曲线是重合的，所以测量一条曲线就可以了。但是，多测一条 ZFC 曲线，耗时并不多，而且能辅助我们确认样品和测量有没有问题，还是值得的。

最后，通过数据拟合得到有效磁矩。数据拟合公式为

$$\chi = \chi_0 + \frac{N\mu_0\mu_J^2}{3K_B(T-\Delta)} \tag{3-4-1}$$

其中，χ_0 是电子的磁化率（也就是第二节中描述的部分），该值一般不随温度变化；N 是单位体积内的原子数；μ_0 是真空磁导率；μ_J 是原子的有效磁矩；K_B 是玻尔兹曼常数；Δ 是特征温度值。Δ 为正的时候，是代表顺磁居里温度；Δ 为 0 时，表示此系统为标准顺磁材料；Δ 为负数时，反映此系统为反铁磁有序。

具体数据处理过程：

将测量的数据，在高温段用 $y=a+\dfrac{b}{x-c}$ 函数拟合。其中系数 $b=\dfrac{N\mu_0\mu_J{}^2}{3K_B}$，由此式得到有效磁矩。所以，此处用 μ_{eff} 来表示会更合适。

数据拟合时，注意事项：

（1）**一定用高温数据拟合！** 这是因为居里-外斯公式成立的条件是 $\dfrac{Jg\mu_B B}{K_B T}\ll 1$。在温度较低时，如果存在磁矩间的交换作用，磁矩的统计分布会有变化，居里-外斯公式有些不适用了。

（2）**拟合的温区不要太宽。** 这是因为，式（3-4-1）中的参数 χ_0，是作为常数处理的。但是实际上从 300K 到 2K 的温度范围内，χ_0 还是有百分之几的变化的，所以，个人建议，拟合的温区在 30K 范围以内为好。

（3）**不同温区的拟合，结果会不一样！** 一般是由于温度刚超过居里温度，磁交换作用会对磁矩分布有影响，或者说是居里-外斯公式成立的条件还不满足导致的。具体做法：选取更高温区的几段数据进行拟合，各段拟合数值接近，才是可以相信的结果。

（4）**对于亚铁磁材料，不能用这个方法直接得到有效磁矩。** 虽然在高温区，亚铁磁的磁性行为也可以用居里-外斯拟合，但是，由于亚铁磁往往由两种不同磁矩的磁性原子组成的；而居里-外斯规律的来源是：一种磁性原子，并忽略相互作用的条件下，按照统计分布计算的结果。所以，通过居里-外斯公式拟合出的，是两种磁性原子的平均值，需要进一步处理才可以得到有效磁矩。

（5）**对于不符合居里-外斯规律的材料，不能用这个方法。** 如某些过渡族元素的磁性行为。

2. 通过测量饱和磁化强度得到有效磁矩

如前所述，当磁性材料的磁化强度不再随外磁场的增加而增加时，此时磁化强度称为饱和磁化强度 M_S。但是实验上，在不同温度测量得到的 M_S 是不一样的！而有效磁矩是不会随温度变化的。

所以，用于计算有效磁矩的 M_S，指的是 0K 时的饱和磁化强度。因为在高温，总会有一部分磁矩被声子激发而成为顺磁态。

得到 0K 的 M_S 也很简单，即在低温下，测量一系列温度点的 M_S，如果测量的 M_S 不随温度改变了，即等于 0K 的 M_S；如果到了很低温度，还是有变化，可以通过数据拟合，得到 0K 下的 M_S。

计算磁性离子的有效磁矩，用样品的饱和磁矩值除以样品的磁性离子总数，就得到了饱和磁矩。**但此时的饱和磁矩也不等于有效磁矩！**

对于磁性原子属于局域电子模型的情况，有关系为

$$\frac{\mu_{饱和}}{\mu_J} = \sqrt{\frac{J}{J+1}} \tag{3-4-2}$$

其中，J 为总角动量；μ_J 为固有磁矩；也正好为有效磁矩。

但是，对于磁性原子有外层电子屏蔽，或者不属于局域电子模型的情况等，导致有效磁矩和固有磁矩的关系发生了变化，甚至饱和磁矩和有效磁矩无关。所以，通过饱和磁化强度得到的饱和磁矩，与有效磁矩还是略有区别的。如果不能确定和有效磁矩的关系，最好表述为饱和磁矩。

其原因是（个人理解）：式（3-4-2）反映的是一个量子效应，表示磁矩永远不能完全沿磁场方向取向。J 越小，这种效应越明显。饱和磁矩只是磁矩沿磁场方向上的最大投影。所以，当固有磁矩就是有效磁矩时，通过式（3-4-2）可以得到有效磁矩；当固

有磁矩和有效磁矩不一样时，虽然也有类似的效应，但可能式
（3-4-2）不合适了。另外，如过渡族磁性金属，甚至有效磁矩和
饱和磁矩无关，就更不能用这个公式了。

三、居里温度

1. 顺磁居里温度

在通过高温磁化率拟合得到有效磁矩时，利用式（3-4-1）
拟合出的另一个参数 Δ，即为顺磁居里温度。这是因为该参数是
从材料的顺磁态推导出来的。一般顺磁居里温度稍高于铁磁居
里温度。

2. 铁磁居里温度

铁磁居里温度表示在此温度下，材料开始显现铁磁性质。

在铁磁居里温度附近，磁化强度和磁场强度的关系可以表示为

$$\frac{H}{M} = \frac{T-T_C}{T_0} + \frac{T}{2\,T_0}\left(\frac{M}{M_s}\right)^2 \tag{3-4-3}$$

所以，当且仅当 $T=T_C$ 时，$\frac{H}{M}$ 和 M^2 是直线关系。因此铁磁居
里温度，一般是通过做 Arrott 图来确定的。

Arrott 图，即在铁磁居里温度附近测量很多温度点的 $M(H)$ 曲
线。当样品正处在铁磁居里温度时，$\frac{H}{M}$ 和 M^2 是直线关系，其他温度
点都会偏离这个关系，如图 3-4-4 所示。

如图 3-4-4 的数据，是本室一个学生在 SQUID VSM 测量的数
据。如图中所示，在高于或低于 35K 时，曲线都是弯曲的。所以，

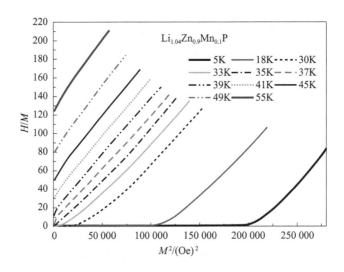

图 3-4-4 Arrott 曲线实例图

他们确定铁磁居里温度为 35K。

相关文献 A. S. Arrott 的 "*Equations of state along the road to Arrott's last plot*"（2010）。

四、反铁磁奈尔温度

一般是在 $M(T)$ 的曲线上，拐点处定义为反铁磁奈尔温度。图 3-4-5 是我在 SQUID VSM 上测量的 $NiCl_2$ 的 $M(T)$ 曲线。背景磁场为 $50Oe$。$M(T)$ 曲线的拐点约在 6.4K 处，该温度为样品的奈尔温度。

若是利用高温磁化率数据，通过式（3-4-1）拟合，得到的参数 Δ 值为负的。由此，可以判断材料是反铁磁性的。然而，Δ 值不是反铁磁奈尔温度，但与奈尔温度有关。其关系比较复杂，会因"近邻和次近邻相互作用强弱不同"而不同。详细内容，可以参阅姜寿亭，李卫老师编著的《凝聚态磁性物理》（2003）。

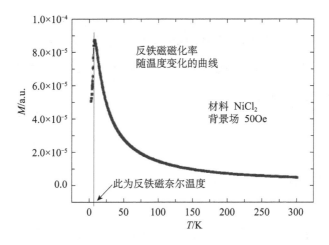

图 3-4-5　反铁磁特性曲线示意图

（附个人理解）：有人会问，为什么铁磁居里温度要通过数据拟合或测量很多 $M(H)$ 曲线才能得到，而反铁磁奈尔温度仅从 $M(T)$ 曲线上就得到了？为什么铁磁居里温度不能也这么定义？那该多方便啊?!

个人认为：这是由于它们之间的行为不一样导致的。反铁磁的 $M(T)$ 曲线明显有个转变峰，从 $M(T)$ 曲线上很容易确定下来，所有的人确定的值都是一致的。而铁磁性的 $M(T)$ 曲线随着温度降低而逐步上涨的，这同顺磁性的 $M(T)$ 曲线没有显著的区别。只是在某些温区，铁磁性的 $M(T)$ 曲线上涨得更快些。因此，从 $M(T)$ 曲线上，就很难确定哪里是相变的起始点！

有人用 $M(T)$ 曲线的导数的极大值之处，定义居里温度。如果仅用于比较一系列材料的性质来说，这或许是可行的。但是，这不对应居里温度的物理含义，也不对应相变的序参量的起始变化！

试想，同一种材料，如果单晶度不同，$M(T)$ 曲线也会不同，其导数的极大值位置也会不同，进而得到的居里温度也不同了。但实际上，单晶度不同的样品内部原子磁矩及相互作用并没有不同，从而居里温度也应该是一样的！因此，用这种方法是缺乏物理图像基础的！

五、阻塞温度

对于超顺磁和自旋玻璃等系统，磁矩的弛豫时间，有关系为

$$\frac{1}{\omega} = \tau = \tau_0\, e^{E/K_B T}$$

其中，E 为磁粒子的各向异性能；K_B 为玻尔兹曼常数。

如果对上述材料进行交流磁化率测量，当其弛豫时间和交流磁化率的测量周期相等时，信号会出现极大值。定义此处的温度为阻塞温度，记作 T_B。

当温度高于 T_B 时，磁粒子的响应时间快于测量周期，因而样品磁矩能响应外部磁场变化；当温度低于 T_B 时，磁粒子的响应时间慢于测量周期，所以能响应外部磁场变化的磁性原子就会越来越少。因此，磁信号也就会越来越小。所以，在 T_B 处，磁化率出现一个极大值。

此时，$\frac{1}{\omega} = \tau = \tau_0 e^{E/K_B T}$，由此得到

$$T_B = \frac{E}{K_B \ln\left(\frac{1}{\omega\tau}\right)} \qquad (3\text{-}4\text{-}4)$$

其中，T_B 为阻塞温度；E 为有效势垒；K_B 为玻尔兹曼常数；ω 为交流磁化率的角频率；τ 为弛豫时间。

所以，通过测量一系列不同频率的 $M(T)$ 曲线，得到一系列的

T_B 和 τ。如果粒子是单一弛豫时间的，通过式（3-4-4）就可以拟合出有效势垒。

阻塞温度的测量：

第一种方法：在背景磁场为零的条件下，测量样品的交流磁化率。在交流磁化率实部-温度关系曲线上，会有一个峰，峰值对应的温度为阻塞温度。测量交流磁化率的频率不同，得到的阻塞温度也不同。

第二种方法：测量样品的 ZFC 曲线。在磁化强度-温度关系曲线上，会有一个峰，峰值对应的温度，即为阻塞温度。一般认为这是 0 频的阻塞温度。当测量 ZFC 曲线时，外加磁场不同时，测得的阻塞温度也不同。这是由于式（3-4-4）中的 E 在不同磁场下不一样导致的。

六、弛豫时间

磁化强度随磁场变化的延迟现象，称为磁后效现象。如图 3-4-6 所示，在 $t=0$ 时刻，加一个恒定磁场，样品内部磁感应强度 B 会先立即升到一个值 B_0，而后逐渐上升，一直到和外加磁场对应的平衡值 B_∞。

为了比较不同材料在不同温度时到达平衡态所需时间的长短，我们以弛豫时间 τ 作参数，进行比较。许多实验结果表明：（$B-B_0$）对时间的变化率正比于（$B_\infty-B$），即

$$\frac{\mathrm{d}(B-B_0)}{\mathrm{d}t} = \frac{1}{\tau}(B_\infty - B)$$

弛豫时间常数 τ，它的数值随磁性材料的不同而不同，随温度的变化而变化。通过这个参数，我们可以知道磁系统达到平衡态的时间长短；进一步，我们还可以得到晶格和磁矩的相互作用强弱和

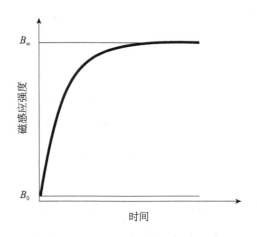

图 3-4-6　弛豫时间的示意图

磁能级间距等信息。因而，此参数也是表征磁系统的一个特征参数。

对于单弛豫时间的材料，设外加磁场为 $H = H_m e^{i\omega t}$，则样品的磁感应强度 $B = \mu_0 \left(\mu_i + \mu_n \dfrac{1}{1 + i\omega\tau} \right) H_m e^{i\omega t}$。

所以，磁导率 $\mu = \mu' - i\mu'' = \mu_i + \mu_n \dfrac{1}{1 + i\omega\tau}$。

将复数磁导率用实部和虚部分开可得到：

$\mu' = \mu_i + \mu_n \dfrac{1}{1 + \omega^2 \tau^2}$，此为实部，表示与外磁场同相位的信号；

$\mu'' = \mu_n \dfrac{\omega\tau}{1 + \omega^2 \tau^2}$，此为虚部，表示与外磁场相差 90°的信号。

请注意虚部信号随 ω 值的变化，在 $\omega\tau = 1$ 处，出现极大值。这一性质给我们测量弛豫时间 τ 提供了一个简单有效的方法。通过测量交流磁导率随频率的变化，在交流磁导率的虚部出现一个极大值，而此处对应的 ω 就是 $1/\tau$ 的值，如图 3-4-7 所示。

但是，测量分析时，请注意与涡流效应的区别。涡流效应也会使交流磁导率的虚部出现一个极大值，但是此峰值与材料的电导率

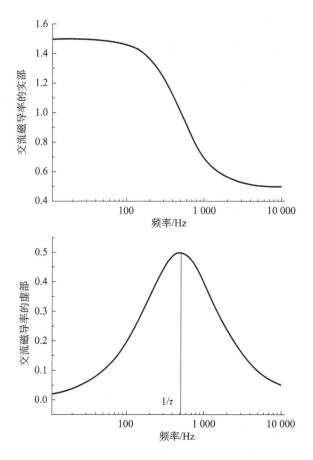

图 3-4-7 交流磁导率实部和虚部随频率变化曲线

和几何形状有关，因而可以同弛豫时间区分开来。

详细内容，请参考廖绍彬老师编写的《铁磁学》下册（1987）。

七、第一类超导体

第一类超导体主要是单质元素构成的超导体，人们对它们的研究已经很清楚了。所以，它们的超导参数，如转变温度、临界磁场和超导含量等，都已经成为基本参数了。现在，我们也会对这些参数进行测量，目的往往是为了校准仪器的温度或磁场强度的值，或者检验材料的纯净度等。例如，常利用金属铟的转变温度来校准仪器的低温温度计是否准确；利用金属铌膜的转变温度来检测镀膜过程中，系统中 O_2 含量的多少；利用金属铅的转变温度来校准压力的大小等。而临界磁场的测量，不仅能粗略校验仪器的磁场强度，也同时能检测材料的纯净度；测量材料的超导含量，主要是为了检测材料的性质。

另外，由于第一类超导体的标样形状可以制作得很精准，纯净度可以制备得很高，所以，各项特征参数都很明显。这些参数的测量，相对比较简单，下面就对此进行一下简要介绍。

1. T_c 的测量

第一类超导体的 T_c 通过 $M(T)$ 曲线即可得到。通常，其降温和升温曲线是不重合的。个人建议使用升温 $M(T)$ 曲线来确定 T_c。（不重合的原因也是由超导过冷现象导致的。）

T_c 定义的位置是：因为转变点的变化很明显，且转变宽度很窄，所以，将磁化率转变 50% 处的温度，定义为 T_c，误差不会很大的。如图 3-4-8，我在 SQUID VSM 上测量的金属铟的 $M(T)$ 曲线。从这条曲线上，可以很容易地确定转变温度为 3.38K。

2. H_c 的测量

临界磁场 H_c，一般是通过测量起始 $M(H)$ 曲线得到的。但是要注意，由于有退磁效应和过冷效应的影响，不能简单地通过样品失去超导时的磁场来定义 H_c。

确定 H_c 的一个方法是：定义样品由超导态向正常态转变处的磁场强度为 H_c。也就是图 3-4-9 中 a 点。不要取 b 点的值，也就是从正常态进入超导态时的转变点。b 点是由于过冷效应导致的，对应的磁场为过冷临界磁场 H_1，H_1 和 H_c 的比值反映了 GL 参量 κ 的

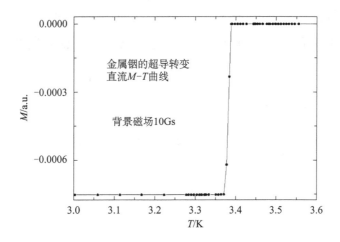

图 3-4-8 金属铟的超导转变升温曲线

信息。κ 即为：$\kappa = \dfrac{\lambda_0(T)}{\xi(T)}$，穿透深度和相干长度的比值。

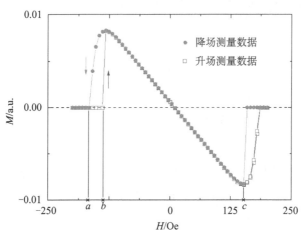

图 3-4-9 金属铟的在 2K 处的磁滞回线

另外，这个方法不能加入退磁因子的修正。这是因为，在中间态区域（c 点和 H_c 之间），超导态和正常态是共存的，而退磁因子是由于超导的抗磁性引起的，所以，退磁因子不是由样品的形状决定的，而是超导部分的形状决定的。而在 a 点处，超导含量为 0，因此，不考虑退磁因子的影响。

另一方法是：因为在拐点 c 处，此时满足关系式：$H_a = (1-n)H_c$，其中 H_a 为外加磁场强度。所以取 c 处的磁场强度为 H_a，另外，通过样品形状计算出退磁因子 n，而后得到 H_c。

3. 超导含量的测量

超导含量，也是从起始 $M(H)$ 曲线上分析处理得到的。

首先，将样品采用 ZFC 模式降温到超导 T_c 以下（此时的 ZFC，指的是样品感受的背景场远远低于其临界磁场）。

随后，将样品稳定在某一温度上（我们称这个温度为 T_0），测量起始磁化曲线。在起始磁化曲线的开始阶段，会有一段是线性的；也就是磁化强度和磁场强度成正比关系。通过数据拟合，得到该段直线的斜率，也就是磁化率的值，即 χ_a。

而后，将此值乘以退磁因子的系数，即

$$\eta = \chi_a \times (1-n) \times 100\%$$

从而得到样品在 T_0 处的超导含量。

八、第二类超导体

许多超导材料的磁化曲线并不是如图 3-4-9 那样的完全抗磁性的。而是在外加磁场超过某个值后，抗磁信号会逐渐减小，再超过某个特定的值后，抗磁信号才会完全消失，如图 3-2-19 所示的特征。这类超导材料被称为第二类超导体。这两个特定的磁场分别定义为下临界磁场 H_{c1} 和上临界磁场 H_{c2}。

产生这种现象的原因是：当外加磁场超过 H_{c1} 时，磁通会进入到超导体内部，这样整体能量会更低。此时材料内部既有超导态的区域，也有正常态的区域，因此称为混合态。在磁化强度上表现为抗磁信号逐渐减小。当外加磁场超过 H_{c2}，超导区域完全被破坏，材料完全失去超导特性，超导抗磁信号完全消失。

具体过程为：

当外加磁场（H_a）小于 H_{c1} 时，第二类超导体与第一类超导体一样，具有完全抗磁性。

但是当 $H_{c1} < H_a < H_{c2}$ 时，系统进入混合态，超导态和正常态都存在。正常态区域内有量子化的磁通穿过。

当 $H_a > H_{c2}$，超导态被完全破坏，材料进入正常态。

我们现在发现的新超导材料，迄今为止，都是二类超导体。又由于超导机制不同，分为两类：符合 BCS 理论的，又称为传统超导体；不符合 BCS 理论的，称为非传统超导体。另外，有一个区分一类超导体和二类超导体的参数，即 GL 参量 κ，简单理解为穿透深度和相干长度的比值，即 $\kappa = \dfrac{\lambda_0(T)}{\xi(T)}$。$\kappa < \dfrac{\sqrt{2}}{2}$ 的超导材料，是一类超导体；$\kappa > \dfrac{\sqrt{2}}{2}$ 的超导材料，为第二类超导体。

1. T_c 的测量

对于不存在磁通钉扎的理想二类超导体，一般用两个超导转变温度 T_c 来描述。一个是超导转变刚刚开始时的温度，记作 $T_{c2}\,\mathrm{onset}$ 点；另一个是材料完全进入超导态时的温度，记作 $T_{c1}\,\mathrm{bottom}$。

$T_{c1}\,\mathrm{bottom}$ 和测量时外加的磁场反映了材料的 H_{c1} 的信息；而 $T_{c2}\,\mathrm{onset}$ 和测量时外加的磁场反映了材料的 H_{c2} 的信息。

测量方法：在背景磁场要远小于 H_{c1} 的条件下，测量样品的 ZFC 和 FC 曲线。如图 3-4-10 是我们常见的超导材料的 ZFC、FC 曲线。当外加磁场小于 H_{c1} 时，在转变温度附近，ZFC 和 FC 曲线基本是重合的。随着温度的降低，两条曲线开始分离，并且行为稍有不同。这是由于 ZFC 的测量过程中样品内部没有磁通钉扎，而

FC 的测量过程中，样品内有一定的磁通钉扎导致的。

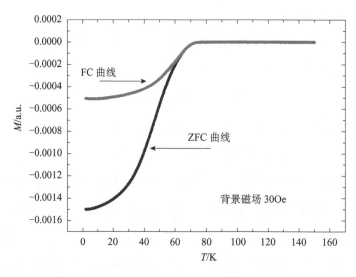

图 3-4-10　某新超导材料的 ZFC、FC 曲线

定义方法：通过类似图 3-4-10 这样的曲线，一般有两种方式定义超导 T_c。

第一种方法：以 FC 曲线的低温抗磁磁矩为基准值，在转变区域抗磁性磁矩达到基准值的 10% 时对应的温度，定义为 T_{c2} onset；而抗磁磁矩达到基准值的 90% 时对应的温度，定义为 T_{c1} bottom。选择 FC 曲线的原因是，一般 ZFC 曲线的低温段往往不饱和，因此，无法确定一个可靠的基准值；而 FC 曲线的低温段往往是饱和的，相对容易确定基准值。（产生这种现象的原因是：由于样品内部总是会存在缺陷、杂质等不容易形成超导的区域。在 FC 过程中，这些区域磁通占据，因而不会再进入超导态了，所以在磁化强度上表现为磁矩容易饱和；而在 ZFC 的过程中，这些区域会随着温度进一步进入超导态，所以，磁化强度就一直不能饱和。）

第二种方法：将正常态的数据往低温方向外延，和实际的测量曲线的分离之处定义 T_{c2} onset。将不随温度变化的饱和磁矩往高温方向外延，和实际的测量曲线的分离之处定义 T_{c1} bottom。这种定义方式，会使 T_c 更接近序参量突变之处，因而参数更有物理意义。

但是，在实际测量中，有的材料会在转变温度附近，出现正磁矩的小鼓包，而后才进入抗磁性。这时，这种定义方法就会缺乏规范性。

总之，在对新超导材料定义转变温度时，要根据情况，合理地选择定义方法，并且一定要在文章中描述出来！

2. H_{c1} 的测量

1) $M(H)$ 法（常用的方法）

对于理想的二类超导体，也就是没有磁通钉扎的情况，通过测量起始磁化曲线，就可以得到 H_{c1}。如图 3-4-11 所示，在没有磁通钉扎的情况下，起始磁化曲线的起始部分一定是一条直线的；当外磁场升到 H_{a1} 时，磁通开始进入超导体，磁化曲线开始偏离直线。所以，用直线拟合初始部分数据并以此延长，将延长线和实验曲线分开之处对应的外加磁场强度 H_{a1} 代入公式：

$$H_{c1} = \frac{H_{a1}}{1-n} \tag{3-4-5}$$

就得到了这种材料在相应测量温度的 H_{c1}。其中，n 为退磁因子。

由于一般用于表征超导材料的 H_{c1} 指的是在 0K 时的条件，因此，需要测量一系列温度下的 H_{c1}，从而得到 $H_{c1}(T)$，再通过拟合得到 $H_{c1}(0)$。

但是，也有文献只是注明是在某个温度下测量的 H_{c1}，而不去拟合 0K 处的 H_{c1}。这是因为，其目的只是阐述该材料的基本超导性质，这只是一个参考数据而已；另外，对于 $H_{c1}(0)$ 的获得，本来就具有一定的不准确性，所以，还不如直接描述一个实际有用且可靠的数据。

$M(H)$ 法的具体的步骤是：

第一步，采用 ZFC 的降温模式到达 T_c 以下某一温度。采用 ZFC 的目的是尽可能的让样品没有磁通钉扎。

第二步，在此温度下测起始磁化曲线。会得到类似图 3-4-11 的曲线。

第三步，从图 3-4-11 上可以看到，当磁场增加到一定值时，$M(H)$ 曲线将不再是线性变化了。直线拟合和实验曲线的分离处的磁场强度，即为 H_{a1}。

第四步，通过公式（3-4-5）计算出该温度下的 H_{c1}。

第五步，在不同温度下重复第一步至第四步，于是得到 H_{c1} 与温度的关系曲线。进一步通过拟合可以得到 0K 时的 H_{c1}。

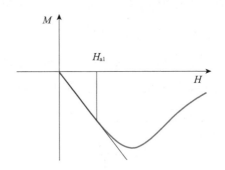

图 3-4-11　二类超导体起始磁化曲线示意图

这是对于理想的二类超导体而言的，对于非理想的二类超导体怎么办呢？

现实中，一般的样品往往是弱钉扎的超导体。南京大学的丁世英老师等人（1987），采用 $M_{rev} = \dfrac{(M^+ + M^-)}{2}$ 方法近似处理，也可以得到很好的类似理想二类超导体的磁化曲线。从中，很容易定出 H_{c1} 来。

具体方法是：在某温度下测量磁滞回线，如果磁滞面积较小，则可以初步判断是弱钉扎的情况，而后将升场的 M^+ 和降场的 M^- 相加并取平均，得到一条新的曲线。新曲线也是如图 3-4-11 的特征，从而得到 H_{a1}。（该方法的物理依据是：对于弱钉扎的体系，当 $H_a < H_{c1}$ 时，升场和退场时钉扎的磁通大小近似，而方向相反，所以，可以通过相加消除掉。）

若是磁通钉扎太大，则要对样品进行退火等处理，使之成为理想的二类超导体，或者是弱钉扎的超导体。

此方法的缺陷是：

实验上，真正的 0Gs 磁场是无法实现的。通过很好的校正系统，剩余磁场可以小于 1mGs，而一般超导磁体的剩余磁场在几个高斯以内。对于某些材料，这剩余磁场已经影响超导态了。

另外，偏离线性的起始点（H_{a1}），还是很难判断的，因而给 H_{c1} 带来误差。

2）$M(t)$ 法

1988 年，Yeshurun 等人（1988）提出测量磁弛豫率来确定 H_{c1} 的方法，一般称为 $M(t)$ 法。

其理论依据是：

当 $H_a < H_{c1}$ 时，样品处于 Meissner 态，样品内部磁感应强度 B 为 0，其抗磁性的磁矩不随时间变化。

当 $H_{c1} \leqslant H_a < H_{c2}$ 时，样品内部是混合态，而此时，钉扎的磁通会缓慢地向样品中心蠕动。因而，样品的磁矩会随着时间而变化。那么，在样品磁矩随时间变化和不变化的交点处，自然就是 H_{c1} 了。

进一步，他们由 Anderson-Kim 的热激活磁通蠕动模型得到：

在温度较低或者 U_0 激活能较高，即 $U_0 \gg K_B T$ 时，有磁化强度随时间的变化：$M(t) = M_0 \left[1 - \left(\dfrac{K_B T}{U_0} \right) \ln \left(\dfrac{t}{\tau} \right) \right]$，其中 τ 为时间常数。

并最终得到：

在 $H_{c1} \leqslant H_a \leqslant H^*$ 时，$\dfrac{\mathrm{d}M}{\mathrm{dln}(t)} \sim (H_a)^2$

H^* 是指当磁通刚刚完全穿透样品时的磁场强度。在 $H^* \leqslant H_a \leqslant H_{c2}$，他们发现弛豫率随时间的变化不同于上述规律。

从 Yeshurun 等人文献中给出的图中也很容易得到这种规律，即图 3-4-12。

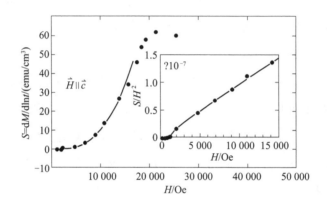

图 3-4-12　弛豫率随外磁场变化（Yeshurun Y et al.，1988）

由于在外加磁场刚刚超过 H_{c1} 时，弛豫率随时间变化不明显，因此，无法通过实验严格确定下来。所以，他们利用 $H_{c1} \leqslant H_a \leqslant H^*$ 时的数据进行拟合，拟合曲线和不随磁场变化的直线的相交点，定义为 H_{c1}。

然而，他们的这种数据处理方式只是磁通蠕动的一个模型，也就是只适用于某些超导体材料，并不是放之四海而皆准的。但其核心思想，即"通过测量磁通随时间的变化关系来确定 H_{c1}"还是很可取的。

3）$M(T)$ 法

即通过测 ZFC 的 $M(T)$ 曲线，得到 H_{c1}。

具体方法是：

第一步，ZFC 降温到远远低于 T_c 的温度。

第二步，加一背景磁场，然后缓慢升温测量 $M(T)$。

第三步，在 $M(T)$ 曲线中找出刚刚偏离完全抗磁曲线处的数据点。此数据对应的温度定义为 T_{c1}，该背景场即为此温度下的 H_{c1}。

第四步，改变背景磁场，重复第一至第三步，从而得到一系列温度和临界磁场的值，也就是 H_{c1} 与温度的函数关系。

第五步，再通过拟合得到 $H_{c1}(0)$。

这种方法的理论依据是 L. Krusin-Elbaum 等人在 1989 年提出的（Krunsin-Elbaum L et al.，1989）。

具体内容大致为：当材料的 $H_{c1}(T)$ 随温度是单调关系时，在很低的温度，外加的背景磁场小于此时的下临界磁场，所以此时样品是完全抗磁态。随着温度的缓慢上升，$H_{c1}(T)$ 逐渐减小。当到达温度 T_1，此时样品的 $H_{c1}(T_1)$ 正好和外加的磁场一样大小，于是开始有磁通进入样品内部，因而测量的磁化曲线开始出现偏离。通过此规律得到温度 T_1 对应的 $H_{c1}(T_1)$。

图 3-4-13 是 L. Krusin-Elbaum 等人发表的文章中的插图（1989）。在图 3-4-13 中，有一个特征温度 T^*。显然，在 T^* 之前和之后，$M(T)$ 曲线的斜率明显不同。这是因为，温度升到 T^* 时，在 60Gs 的磁场下，进入样品的磁通刚刚完全穿透样品。在穿透前和穿透后，磁通进入样品的行为不一样，所以，测量的 $M(T)$ 曲线的斜率才不一样。这正好符合了 Bean 的临界模型。

然而，这种方法有很明显的缺点：我们测量过很多样品，虽然也是单晶，但是，它们的抗磁 $M(T)$ 曲线一直没有饱和。所以，根本无法确定出临界点。所以，这方法不是对所有样品都适用的。

3. H_{c2} 的测量

1）对于可以测量的材料

有些二类超导体的 H_{c2} 是在测量范围之内的。对于这一类超导

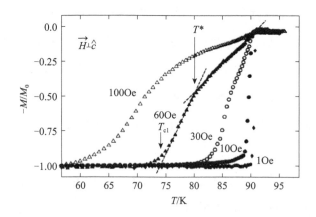

图 3-4-13　Krusin-Elbaum 等人文献中 "$M(T)$ 曲线" 的插图 (1989)

材料，最好还是通过测量一系列温度的 $M(H)$ 曲线，从而得到 $H_{c2}(T) \sim T$ 关系，并外延得到 $H_{c2}(0)$。

2）对于无法测量的材料

例如高温超导体，它们的 $H_{c2}(0)$ 很高，甚至在稍低于 T_c 的温度，就无法通过外加磁场使样品达到正常态。有理论计算，某些材料的 H_{c2} 甚至高达几百特斯拉！由于我们现在还无法实现这么高的磁场，于是只好在 T_c 附近的温度测量一系列的 H_{c2}，再利用 Werthamer-Helfand-Hohenberg（WHH）公式得到 $H_{c2}(0)$。

具体作法：

第一步，采用 ZFC 方式降到某个低温。一般，这个温度要远低于超导转变的温度。通常，不采用 FC 的降温方式。因为在不同的磁场下降温，样品处的钉扎状态可能差异很大，自然会导致每次测量的初始状态不同，不利于数据分析。

第二步，在这个温度下，给样品施加一个外磁场 H_0。

第三步，升温测量磁化强度和温度的关系，即 $M(T)$ 曲线，直到超导信号完全消失。

第四步，通过分析 $M(T)$ 曲线，得到超导转变 T_{c2} onset 温度点。这时得到了一组数据（H_0、T_{c2}（onset）），此即为一组上临界场和超导 T_c 的数据（H_{c2}、T_c）。关于此处 T_c 的确定，要格外注意。对于高温超导体，在 T_c 附近，有很强的涨落，其磁化率行为不是反映上临界场的，因此，不能将这段数据用于计算 H_{c2}。有参考文献报道：他们是利用稍稍低于 T_c 的可逆区域进行线性拟合，将这条直线和正常态的延长线的交点作为 T_c（Welp U et al.，1989）。

　　第五步，重复第一到第四步，就可以得到一系列的 H_{c2} 和 T_c 的数据。

　　将这组数据做成曲线，并得到 $\frac{\partial H_{c2}}{\partial T}$ 的值。再利用"WHH"公式得到 0K 时的 H_{c2}。即

$$H_{c2}(0) = 0.7\left(\frac{\partial H_{c2}}{\partial T}\right)\big|_{T_c} T_c$$

注意事项：

（1）降温方式一定要是 ZFC。

（2）在低温下加磁场时，每次加场的速度最好一致，以减少感生信号的影响。

（3）对不同体系，要分别分析 $M(T)$ 曲线，找到各自的规律后，才可以定出 H_{c2} 和 T_c。因为，在转变温度附近，各个体系的磁行为有可能是不一样的，但一定有各自的规律，所以，不要直接套用上述文献的方法。

（4）以前人们用电阻法测量 $H_c(T)$，但是，后来发现由于磁通蠕动等现象，导致样品虽然处在超导态，依然会有一定的电阻。因此，通过电阻方法测定的 $H_{c2}(T)$ 会低于实际值。所以，通过磁化率测量确定 H_{c2} 更为普遍些。

4. 超导体积的测量

超导体积含量（Meissner volume fraction）测量的常用方法有

$M(H)$ 法和简易 $M(T)$ 法。

1）$M(H)$ 法

一般采用 ZFC 方式降温，而后测量起始磁化曲线 $M(H)$。在小磁场时，$M(H)$ 为线性关系。（如果很小磁场也没有线性关系，那一定是没有达到 ZFC 条件导致的。）由于样品在完全超导时，磁化率 $\chi = -1$，所以该直线的斜率，即 χ 绝对值的百分比即为超导体积含量。

具体过程：

（1）ZFC 的方式降到超导温度以下的某一温度，如 T_0。

（2）在这个温度下，测起始磁化曲线。磁场要尽量小，步长也要小，以提高测量精度。

（3）取 $M(H)$ 磁化曲线的直线部分，再用数据拟合出斜率 K。

（4）最后，通过样品的形状计算出退磁因子 n，样品的内场为 $H_i = \dfrac{(H_a)}{(1-n)}$，于是得到 $\chi = K(1-n)$。样品完全超导时，χ 应当为 1；不完全超导时，其超导含量为 $\chi \times 100\%$。

于是，得到了在 T_0 的超导含量。

注意事项：

（1）要注明在什么温度下得到的超导含量。因为大多数材料，这个值会随温度变化。

（2）在磁化曲线上，当磁场超过 H_{c1} 后，M 和 H 就不是线性关系了。所以，取点一定要在线性区。

（3）另外，取点也不能太少，同时步长也不要太宽，以免实际已经偏离直线了，而数据上却看不出来。

（4）也有采用 FC 方式降温的。主要目的是避免样品内部有孔洞引起的偏差。这时，要注意背景磁场一定要低于 H_{c1}。否则，无

法测量出 $M(H)$ 线性的关系。

采用 ZFC 的模式，测量的超导含量可能会比实际值高一些；采用 FC 的模式，测量的超导含量可能会低一些。这主要是由于超导的屏蔽效应和磁通钉扎效应导致的。

2）简易 $M(T)$ 法

有时候，我们更多是大致了解一下样品的超导含量。所以，简易 $M(T)$ 法也常常用到。

我们已经知道，样品内部感受到的磁场强度 H_i 与我们施加的外加磁场的关系为

$$H_i = \frac{H_a + H_0}{1 - n}$$

其中，H_i 为样品内部磁场强度；H_a 为外加的磁场强度；H_0 为背景磁场（如地磁场、超导磁体的剩余磁场等）；n 为退磁因子。

于是，磁化率应为

$$\chi = \frac{M}{H_i} = \frac{M \times (1 - n)}{H_a + H_0}$$

磁化强度

$$M = \chi \left(\frac{H_a + H_0}{1 - n} \right)$$

如果有两组磁化强度的值，$M_1 = \chi \left(\frac{H_{a1} + H_0}{1 - n} \right)$ 和 $M_2 = \chi \left(\frac{H_{a2} + H_0}{1 - n} \right)$，

将这两个公式做差，就得到了磁化率

$$\chi = \frac{M_1 - M_2}{H_{a1} - H_{a2}} (1 - n) \tag{3-4-6}$$

其中，M_1 和 M_2 是两次测量的磁化强度；H_{a1} 和 H_{a2} 为两次测量时外加的磁场强度；n 为退磁因子。

具体过程：

（1）在 ZFC 降温过程中，测量 $M(T)$ 降温曲线，记作 M_0-T；

（2）外加磁场 H_a，再测量 FC 降温曲线，记作 M_1-T；

（3）用 M_1-T 减去 M_0-T，再利用式（3-4-6）计算出磁化率来。此时，式（3-4-6）换作 $\chi = \dfrac{M_1 - M_0}{H_a}(1-n)$，其中，$H_a$ 为外加的磁场。

这样，就得到了一条超导含量随温度的变化曲线了。

注意事项：

（1）在 FC 降温测量时，所加的外场一定要远小于 H_{c1}。

（2）这只是估计值，误差较大。严格的方法，还是 $M(H)$ 法。

（3）（个人建议）测量降温曲线。一个理由是，在测 ZFC、FC 曲线时，在 ZFC 降温过程中，顺便就测量了 M_0-T 曲线，这样方便还省时间。另一个理由是，降温过程中，样品都是由正常态向超导态转变，10Gs 磁场的变化所引起的附加效应较小。

3）其他方法

除以上方法，另有 Yoichi ANDO 和 Shirabe AKITA 提出的一种估算方法（Ando Y et al.，1990）。

他们发现，二类超导体的磁滞回线中，在 $H_{c1} < H \ll H_{c2}$ 时，磁化曲线的可逆部分，正是满足 GL 公式部分。于是，通过 GL 公式 $4\pi M_{th} = -H_{c1}\ln\left(\dfrac{H_{c2}}{B}\right)/\ln K$，计算得到理论上的磁化强度 M_{th}。其中，K 是 GL 参量。而后，用实验测量的数据 M_{me} 与之相比，从而得到超导含量。

这种方法的缺点：测量的参数过多，如 H_{c1}，H_{c2}；过于依赖理论模型。样品质量不好的话，很难得到那样的磁化曲线。

优点是：减少了屏蔽效应和磁通钉扎的影响；还可以通过选择

磁感应强度较大的数据，以减小退磁因子的影响。这是因为 $H_{in}=H_a-nM$，其中，H_{in} 为样品内磁场强度，H_a 为外加的磁场强度，n 为退磁因子，M 为样品内的磁化强度。超导体的磁化强度，在 $H<H_{c1}$ 时，$M=-H$；在 $H_{c1}<H<H_{c2}$ 区间 M 会逐渐减小。所以 nM 的影响就会变弱了。

我把这个方法列出来的目的是：给大家提供一个途径，在特殊情况下，可以用类似的方法来得到超导体积含量。因为，在各个体系中，肯定会有各自的一些公式在某个区间是可以适用的，这时就可以用这种方法了。

附：迈斯纳分数

由于遇到过一些学生，将迈斯纳分数（Meissner fraction）认作超导含量，我在文献（Vandervoort K G et al.，1991）中找到了它的出处，所以，在这里特意提及一下。

迈斯纳分数的定义为 ZFC 的磁化强度和 FC 的磁化强度的比值，即

$$\text{Meissner fraction}=\frac{M_{ZFC}}{M_{FC}}$$

此参数是反映超导样品磁通钉扎强弱的参数。其值越大，钉扎越强。

九、磁熵及其测量方法

磁熵：指的是在某个温度下改变磁场后物质的熵变。所以，全称应为磁熵变，简称为磁熵。

熵的定义是 $dS=\dfrac{dQ}{T}$。因此，如果温度不变，熵的改变，意味着物质有对外吸热或者放热的现象。如果控制磁场，就能使物质有

吸热或放热现象，那么就可以简易、环保地实现制冷或制热了！所以，发现磁熵较大的材料，一直是很多材料学家的追求。因此，磁熵也成为一个表征材料性能的重要参数。

磁熵主要有两种测量方法。一个是通过比热测量，从定义式直接得到；另一个是磁化率测量，再通过热力学函数关系，计算得到磁熵。

1. 比热测量法

比热测量法比较简单、直接，但是信息不够精细。

一般做法是：先在零磁场下，测量样品的比热随温度的变化曲线，即 C_{v_0}-T 曲线；而后固定一个磁场，如 3T、5T 等，测量样品的比热随温度的变化曲线，即 C_{v_M}-T 曲线。

因为

$$dQ = m \times C_v \times dT \ , \ dS = \frac{dQ}{T}$$

所以，磁熵的公式为

$$\Delta S = S_M - S_0 = m \int_0^{T_0} (C_{v_M} - C_{v_0}) \frac{dT}{T} \qquad (3\text{-}4\text{-}7)$$

其中，ΔS 为有磁场和无磁场的熵之差；S_M 是有磁场情况下样品的熵；S_0 为无磁场情况下样品的熵；m 为样品的质量；T_0 为比热测量的温度点；C_{v_M} 为有磁场条件下样品的比热容；C_{v_0} 为无磁场条件下样品的比热容。

但是，从式（3-4-7）可以看出，如果所加磁场为 3T，则计算得到的磁熵是 0 和 3T 的磁熵变。而在 0～3T 之间，磁熵具体变化的细节并不知道！因此，反映的信息不够精细。

另外，因为测量比热比较慢，这个方法也相对费时。

2. 磁化率方法

我们知道，热力学中有函数关系：$\left(\dfrac{\partial S}{\partial H}\right)_T = \left(\dfrac{\partial M}{\partial T}\right)_H$，换成积

分形式为 $\Delta S_M = \displaystyle\int_0^H \left(\dfrac{\partial M}{\partial T}\right)_{H'} \mathrm{d}H'$。也就是可以通过磁化强度随温度

的函数关系得到磁熵。但是实际上，人们常用其近似公式：

$$\Delta S_M \approx \frac{1}{\Delta T}\Big[\int_0^H M(T+\Delta T, H')\mathrm{d}H' - \int_0^H M(T, H')\mathrm{d}H'\Big]$$

$$(3\text{-}4\text{-}8)$$

其中，ΔS_M 为磁熵变；ΔT 为两条 $M(H)$ 曲线的温度差；H 为磁熵
变对应的磁场强度。

具体做法是：取温度 T_1 和 T_2，在这两个温度上测量 $M(H)$ 起
始磁化曲线，分别得到 $M_{T_1}(H)$ 和 $M_{T_2}(H)$。然后将 $M_{T_1}(H)$ 和
$M_{T_2}(H)$ 分别从 0 至 H 积分，而后相减，最后再除以 $\Delta T(\Delta T =$
$T_1 - T_2)$，于是得到了，在温度为 $T_c\Big(T_c = \dfrac{T_1+T_2}{2}\Big)$ 处的磁熵。
如果温度间隔 ΔT 远远小于 T_1 的话，既可以认定得到的是样品在温
度 T_1 处的磁熵。

注意事项：

（1）改变积分的上限，从而可以得到不同磁场强度下的磁熵。
我们测量 $M(H)$ 曲线时，可以测量到 $7T$；但是，在数据处理时，
我们可以从 0 到任意磁场值进行积分，于是得到磁熵随磁场强度变
化的规律！这是此方法的优势。

（2）温度间隔的选择：也就是关于 T_1、T_2 的选择。在磁化率随
温度变化不大的区域，T_1、T_2 的间隔可以大些，如 3K 或 5K；而在
磁化率随温度变化比较大的温区，间隔就要小些，如 0.5K 或 1K。

（3）有文献（Foldeaki M et al.，1995）建议用式（3-4-9）来计算磁熵：

$$\Delta S_M = \sum_j \frac{M(T_{i+1},B_j) - M(T_i,B_j)}{T_{i+1} - T_i}\Delta B_j \qquad (3\text{-}4\text{-}9)$$

其中，　　　　　　　　　　$\Delta B_j = B_{j+1} - B_j。$

但是，那是在计算机软件不发达的时候，人们只好这么处理数据。现在的数据处理软件，很容易实现对 $M(H)$ 曲线的积分。所以，公式（3-4-8）更受人们青睐。

本部分参考文献为（McMichael R D et al.，1993；孙光飞，2007）。

第五节　磁性测量方法及原理简介

磁性测量的方法有很多种，但是我使用过的只有几种。因此，仅仅介绍我熟悉的测量方法，期望对读者有用。

一、提拉法

1. 测量原理

顾名思义，提拉法就是将样品在探测线圈里提拉，而后测量磁信号的测量方法。由于探测线圈输出的电压正比于线圈内磁通量的变化，所以只有样品在探测线圈内运动起来后，磁通量有了变化，探测线圈才能产生感生电动势。这便是提拉法的理论基础。

样品处在探测线圈不同的位置，耦合进入探测线圈的磁通量也会不同。由此，我们需要定义一个耦合函数 $f(x)$，则探测线圈感生的电压与样品磁矩大小及位置的关系为

$$V = \frac{d\phi}{dt} = \frac{dmf(x)}{dt} = m\acute{f}(x)\frac{dx}{dt} = m\acute{f}(x)v \quad (3\text{-}5\text{-}1)$$

其中，m 为样品的总磁矩；$f(x)$ 为耦合函数；$\hat{f}(x)$ 为耦合函数的导数；v 为样品的速度。

通过式（3-5-1）可以看出，如果样品的运动速度和耦合函数已知，那么测量的电压就可以和样品的磁矩大小——对应了。

实际测量中，为了减小测量误差和噪声的影响，人们往往将电压随位置的函数 $V(x)$，进行积分处理，得到总 ϕ 值。而后通过比较 ϕ 值来得到样品的磁矩值。

具体做法如下：

用已知磁矩的标准样品，测量出该标样的 $V(x)$ 曲线，作为标准曲线；积分处理后，得到标样的总磁通量 ϕ_0。

对于待测样品，将测量到的 $V(x)$ 曲线与标准 $V(x)$ 曲线进行比较，相似度为测量数据的可信度。将样品的 $V(x)$ 曲线积分得到 ϕ 值后与 ϕ_0 比较，从而得到样品总磁矩的值。

此即为提拉法测量原理。

2. 测量结构

提拉法磁性测量的结构如图 3-5-1 所示。图中电压表用于测量探测线圈的电压。探测线圈是由两个同样圈数的线圈串联起来的。其中一个是正方向绕制，另一个是反方向绕制。因此，若是一个均匀材料贯穿探测线圈，将在这两个线圈中产生大小相等、符号相反的电压信号。于是，两个探测线圈的电压之和为 0。

由于探测线圈内必定有骨架和测量的样品杆等，而这些物质也会产生一定的磁信号。采用这种设计的探测线圈，就大大减少了背景物质的磁信号。这种连接方式的探测线圈，叫做一阶线圈。

测量时，样品从探测线圈上方很远处，匀速穿过整个探测线圈。与此同时，电压表记录下所有位置的电压输出值。而后数据积分处理得到磁矩值。

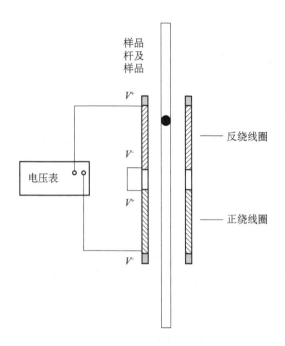

样品杆及样品

V^+

反绕线圈

V^-

电压表

V^+

正绕线圈

V^-

图 3-5-1　提拉法磁性测量结构示意图

3. 注意事项

（1）测量的磁矩与样品的实际磁矩大小和运动速度都有关。所以，我们在测量时，就要注意是否会影响样品的运动速度。如**样品太重**，或者**样品磁性太强**，导致与外磁场作用太大，或者**样品杆安装倾斜**等这些都会导致样品运动的速度变化。

（2）**样品位置与标准样品的位置要一致！**实际测量中，我们安装样品的位置与标准样品的位置可能会不一样，那么测量的电压-位置曲线会有一个平移，这自然会增大误差。弥补的方法是，在装好样品之后，测量之前，有一个定中心的步骤。也就是尽可能保证样品与标准样品的位置一致。定样品中心，有很多方法，通常是利用信号随位置的对称性来确定。

（3）**安装样品一定要牢。**也就是在测量过程中，样品不能和样品杆有相对运动。

（4）**样品杆尽可能均匀一致。**这样，背景信号才会小。

但是，由于这种测量方法的精度不高，只有约 2×10^{-5} emu 的精度，而 VSM 有 1×10^{-6} emu 的精度，SQUID 和 SQUID-VSM 有 1×10^{-8} emu 的精度。所以，这种方法使用的频率逐渐减少了。只是在需要大磁场的磁化率实验时，由于 SQUID 无法工作，人们才选择使用。

二、SQUID VSM

SQUID VSM 是 QUANTUM DESIGN 公司 2006 年推出的新产品。其特点是：温控系统的升降温都很快。从 300K 到 2K，仅仅需要 20 分钟。而 PPMS 类似的降温系统，要 1 小时 40 分钟才可以达到！再有，磁体进入能测量模式的时间也很快，仅仅需要几秒钟。与常规超导磁体的闭环/开环模式，需要约 50 秒的时间来比的话，显然是快了很多。更重要的是，在保证测量精度的前提下，测量速度也大大提高了。SQUID 是高灵敏的磁—电信号转换器；而 VSM 利用了锁相技术，从而大大地缩短了测量时间。因此，这两者的结合实现了高精度和快速的统一。通常，在 4 秒时间内，就可以得到标准公差在 1×10^{-8} emu 内的数据。又如，测量一条 300 点的磁滞回线，只需要 20 分钟就可以了。在改进控温方式后，该系统升降温的速度快了很多。例如，从 300K 到 2K 的升降温曲线，标准测量，也就 2 个小时；快速浏览的话，只需要 1 小时即可。因此，该设备不仅能用于表征样品磁学性质，还能够通过快速测量，来检测样品的基本性质（如判断超导与否，铁磁或反铁磁等），也就是可以用来快速筛选样品。正因为如此，该设备非常受生长材料的课题组的青睐。之后，QUANTUM DESIGN 公司在此系统上，又增加了交流磁化率等测量功能。而这些功能不是建立在 VSM 上的，因此，此后的系统，叫作 MPMS3（磁性测量系统）。但是，SQUID VSM

依然是其核心。

下面，我们逐一介绍 SQUID、VSM 及 SQUID VSM 怎么工作。

1. SQUID

SQUID 即"超导量子干涉仪"的英文名称 superconducting quantum interference device 的首字母缩写。

SQUID 的核心器件是一个有两个约瑟夫森结的超导环，如图 3-5-2 所示。

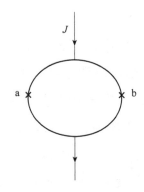

图 3-5-2 SQUID 超导环的示意图

SQUID 超导环的临界电流和超导环内的磁通有如下关系：

$$J = 2 J_c \sin(\varphi_0) \cos\left[\pi \frac{\Phi}{\Phi_o}\right] \qquad (3-5-2)$$

其中，J_c 是指超导环的临界电流；Φ_0 是指结区 a 的相位差 Φ_a 与结区 b 的相位差 Φ_b 的平均值；Φ 是超导环内的磁通；Φ_0 是磁通量子。

SQUID 超导环的 $I - V$ 特性如图 3-5-3 所示。当通过的电流超过临界电流时，超导环两端会有电压差。当 Φ 是 Φ_0 的整倍数时，此时临界电流最大，当 Φ 是 Φ_0 的半整数倍时，临界电流最小。所以，其他磁通大小时，其 $I - V$ 特性曲线全落在黄色区域内。

如果给超导环通一个偏置电流，则超导环的电压随环内磁通周期振荡，如图 3-5-4 所示。

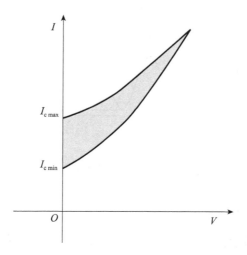

图 3-5-3 SQUID 的超导环的 I - V 特性曲线

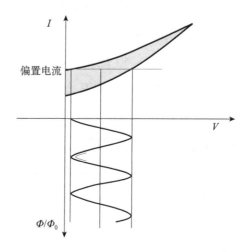

图 3-5-4 SQUID 超导环在有偏置电流时的电压与磁通关系示意图

为了便于观察，我们将图 3-5-4 旋转 $90°$，成为图 3-5-5。

通过图 3-5-5，可以更清楚地看出 SQUID 输出电压随 SQUID 超导环内磁通的振荡变化。SQUID 的外部器件，通过反馈系统使 SQUID 超导环的磁通永远维持一个值，例如，图 3-5-5 中 1 点处的位置，也就是 $1\Phi_0$。此处，我们称之为 SQUID 的工作点。

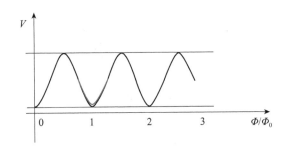

图 3-5-5　SQUID 环输出电压与环内磁通的关系示意图

具体过程如下：

在 SQUID 超导环的附近，有一个线圈，可以产生一定的磁场。我们称之为反馈线圈，即图 3-5-6 中的 A 线圈。最初状态，通过调节反馈线圈的磁场大小，使 SQUID 的状态处在工作点上。当 SQUID 环内的磁通有变化的时候，SQUID 输出的电压将偏离工作点的值，也就是输出电压增大。但是，磁通增加和减少，都会使 SQUID 的电压增大。那么，反馈系统怎么知道是磁通增加还是减少呢？

解决的方法是：在 SQUID 环外安置一个线圈，如图 3-5-6 中的 B 线圈。当振荡器（oscillator）产生的高频电流流过 B 线圈时，SQUID 超导环就又感受到了一个交变的磁场。SQUID 超导环输出电压也自然包含该频率的电压信号。将 SQUID 输出电压与 oscillator 产生的高频信号进行锁相放大处理，得到一个电压值。该值也就是 SQUID 超导环的电压-磁通的一次导数，即：$dV/d\Phi$。当 $dV/d\Phi$ 的值为正时，说明 SQUID 超导环处在工作点的右侧，于是，通过反馈线圈给 SQUID 超导环施加反向磁场，直至 $dV/d\Phi$ 为 0。于是，SQUID 超导环又回到工作点的位置了。反之亦然。

所以，SQUID 超导环永远处在工作点上。

当样品的磁通信号通过传输线圈耦合进入 SQUID 超导环后，

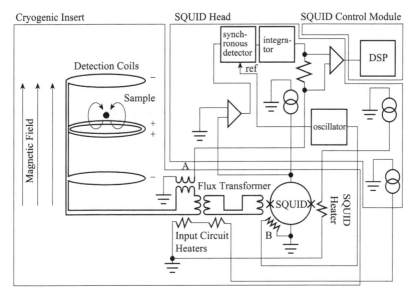

图 3-5-6　SQUID 控制工作点示意图（源自 QUANTUM DESIGN 的
SQUID VSM 的使用说明书）

SQUID 反馈系统同样地通过施加反馈磁通使 SQUID 外部器件回到工作点。此时，反馈磁通的大小与样品耦合进入 SQUID 超导环的磁通大小一致，方向相反。所以，记录下 SQUID 反馈磁通的值，就等于记录下了样品的磁通数值了。

通过图 3-5-6 可以看出，反馈磁通的数值是正比于放大器输出电压的，这个电压信号送入 DSP（digital signal processing），准备下一步处理。不同的处理方式，意味着不同的测量方法。常见的有 SQUID VSM 和 SQUID RSO 等。RSO 是 reciprocating sample option 的首字母缩写。SQUID RSO 的大致测量过程是：在探测线圈内往复移动样品，将样品位置和 SQUID 输出信号作为一条测量曲线。这条曲线的幅值反映了样品磁矩的大小。这个仪器，我没有长时间使用过，因此熟悉度远不如 SQUID VSM，所以，我主要介绍 SQUID VSM。下面，先来介绍一下 VSM 的工作原理。

2. VSM

VSM 的中文名称是振动样品磁强计，即英文 vibrating sample magnetometer 的首字母的缩写。

其原理是：当样品放置在探测线圈内，以固定频率做往复的振动时，由于法拉第电磁感应规律，在探测线圈感应出一个同频率的电压信号。这个感生信号的幅值与样品磁矩有线性关系。因此，测量出这个幅值，就可以反推出样品的磁矩大小了。

下面用数学表达式描述：

由于样品在探测线圈往复振动，样品在探测线圈中的位置随时间的变化近似为：

$$Z(t) = A\cos(\omega t)$$

探测线圈输出的电压关系式为

$$V(t) = -\frac{\mathrm{d}\phi}{\mathrm{d}t} = -\left(\frac{\mathrm{d}\phi}{\mathrm{d}z}\right)\left(\frac{\mathrm{d}z}{\mathrm{d}t}\right) = c \cdot m \cdot A \cdot \omega \cdot \sin(\omega t + \delta)$$

$$(3\text{-}5\text{-}3)$$

其中，z 为样品的位置；A 为样品的振幅；ω 为样品振动的频率；c 为耦合常数；m 为样品的磁矩；δ 为相位差。

利用锁相技术，很容易就测量出这个信号的幅值和相位差。在实际使用中，一般会选择较低的频率，这样相位差几乎是零。但是，如果测量不正常，如样品杆和样品腔有摩擦时，相位差会明显增大。

现在，在式（3-5-3）中，还有耦合常数 c 是未知量了。一般用实验校准的方法来确定这个常数。即用已知磁矩的标准样品，在设备上进行测量，然后将已知的磁矩值除以测量得到的数值，即得到了转换系数。

转换系数主要是各级线圈间耦合系数的贡献，但有时也能弥补其他绝对误差。例如，当样品的振幅和频率的实际值是设定值的 90％时，如果转换系数增大 $\frac{10}{9}$ 倍，则测量值依然正确。

每台设备的制作，很难完全一致，因此，转换系数也各自不同。所以，每台设备都有自己的参数，放在特定的文件里。如果仪器使用很长时间，或者整个系统从室温第一次冷却等，都需要用标样检测仪器的测量值和理论值的差距，以检验转换系数等参数是否正确。

图 3-5-7 是 VSM 的示意图。我们结合示意图来进一步了解一下 VSM 的工作过程。

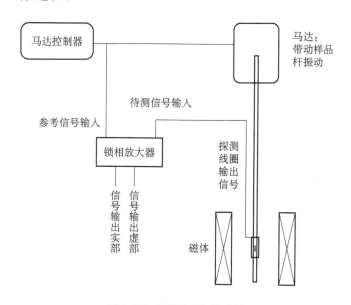

图 3-5-7　VSM 工作示意图

马达控制器可以产生一组电信号，分为两路输出。一路输入给锁相放大器的参考信号输入端，作为参考信号。另一路用于控制马达的上下振动。马达带动样品杆振动，一般是 10～100Hz，样品杆振动的幅度在 0.1～10mm 之内。但是常用的频率是 40Hz，振幅是 2mm。这是因为，频率越高，振幅越大，样品振动的失真会越严重；频率越低，振幅越小，信号放大倍数越小。

固定在样品杆上的样品，以 40Hz 的频率振动时，探测线圈也感应出 40Hz 的电压信号。探测线圈输出的电信号输入锁相放大器，与参考信号进行锁相放大处理，检测出该信号的幅值。通过与转换系数相乘从而得到需要测量的磁矩值。

3. SQUID VSM

SQUID VSM 是 SQUID 和 VSM 的结合体。测量框架与 VSM 一致，只是将探测线圈换成了 SQUID 系统。具体的组成部件有：探测线圈、传输线圈、SQUID 和锁相放大器。

测量过程：以固定频率 ω 在探测线圈组中心振动样品，传输线圈将探测线圈感应到的磁信号传输给 SQUID，SQUID 把磁信号转换为电压信号，而后输入锁相放大器。锁相放大器将两倍 ω 的信号检测出来，最后将这个信号乘以转换系数，就得到样品的磁矩值了。

下面，我们从探测线圈开始，按信号的前进顺序逐一讲起。

SQUID VSM 探测线圈的结构如图 3-5-8 所示，属于二阶探测线圈。图 3-5-1 中所示的线圈是一阶线圈。两个一阶线圈反向连接起来，即为二阶线圈。二阶探测线圈的好处是，可以消除梯度均匀的磁场背景信号。道理很简单，第一组探测线圈感受一个梯度信号，同时第二组也感受到这个梯度信号，两者相减，就消除了背景磁场梯度信号了。

由于探测线圈和传输线圈都是由超导线制成的，且是闭环的，所以，当样品相对探测线圈位置改变后，探测线圈会产生稳定的超导电流。此超导电流经线圈成为磁通信号，再经过传输线圈，最后耦合进入 SQUID 超导环。这时 SQUID 超导环的工作点发生了偏移，SQUID 反馈系统立即产生一个反向磁通，使 SQUID 回到工作

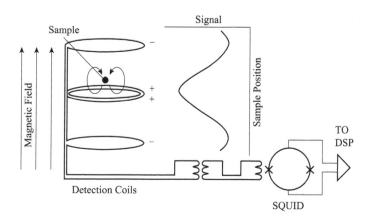

图 3-5-8　SQUID VSM 探测线圈示意图（源自 QUANTUM DESIGN
的 SQUID VSM 的使用说明书）

点。所以，SQUID 产生的反馈磁通，就等于样品磁通耦合进入
SQUID 的磁通了。

以上过程，只是一个点的采集过程。这个过程是非常快的，一
般快于 $10\mu s$（因为 SQUID 的工作频率至少可以达到 100kHz）。而
样品振动频率是很慢的，一般选用 17Hz。实际上由于探测线圈是
中心对称的，所以耦合出的电信号是原始信号频率的两倍，也就是
34Hz。因此，样品振动一个周期，采集的数据至少是一千个点。因
而保证信号不会失真。

在 DSP 内，接收到两路电信号：一路 SQUID 输出的、含有磁
矩信息的测量信号；另一路是马达控制器提供的频率为 ω 的标准信
号。将其倍频后，作为参考信号。DSP 将这两路信号相乘，并积
分，于是得到测量信号的幅值和相位。其过程也就是锁相放大器的
原理。

下面，我们看看这个幅值是如何和样品的磁矩相关联的。

当样品尺寸远小于探测线圈时，SQUID 输出的电压与样品相对
于探测线圈的位置近似为平方关系。振幅较小时，随时间变化近似

为正弦函数，即

$$V(t) = AZ^2 \quad Z(t) = B\sin(\omega t)$$

由此，得出

$$V(t) = AB^2 \sin^2(\omega t)$$

既而导出

$$V(t) = \frac{1}{2}AB^2 - \frac{1}{2}AB^2\cos(2\omega t) \tag{3-5-4}$$

其中，A 包含样品磁矩信息；B 为样品的振幅；ω 为样品的振动频率。通过式（3-5-4），就可以明白为什么参考信号是 2ω 了。

通过 DSP 的锁相放大处理后，我们就得到了 $\frac{1}{2}AB^2$ 的值。由于振幅 B 是人为设定的，所以作为已知参数。因此，我们就得到了反映样品磁矩大小的参数 A 的值了。

那么，测量出来的参数 A，如何与样品磁矩一一对应呢？这就需要一个转换系数来完成。转换系数也就是参数 A 和样品磁矩的对应关系。具体做法如下：

首先制作标准样品。一般选择顺磁材料，如金属钯，因为这类材料的磁性不受磁历史影响，信号重复性好；标样容易制成稳定的形状；利于长时间的使用。

然后，在固定温度和磁场的条件下，测量标样的输出值 A_0。计算出在这个温度下和磁场下的标样磁矩的理论值 m_0。转换系数即为理论值除以测量输出值，即 $K = m_0 / A_0$

如果待测样品测量值为 a，则待测样品的磁矩即为 $m = a \cdot K$。以上，便是 SQUID VSM 的测量原理。

测量、维护仪器的注意事项

（1）要经常监测标样信号。

（2）定期 reset 探测线圈和 SQUID 超导环。这是因为超导探测线圈和传输线圈锁定的磁通太多时，会使其工作效率降低；SQUID超导环内如果锁定磁通太多，就会使 SQUID 的工作点远远偏离最佳的工作点。那样，SQUID 的灵敏度会降低。

（3）留意 SQUID 超导环的偏置电流。它能反映 SQUID 是否正常。

（4）测量时，注意样品形状与标准样品的差距。样品形状比标样细和长时，信号会减弱一些；反之亦然。其核心图像是耦合进入探测线圈磁通的矢量和的变化。

（5）样品过于重时，或重新设计样品杆时，软件内部设定的振幅值可能与实际的不一致，要注意修正。

（6）样品的中心位置要定好，否则，测量值差距会较大。

（7）由于测量采用固定频率，且频率较低，相位差一般是可以忽略的。特殊情况，如样品杆有轻微的晃动，才会看到由于有相位差引起的虚部信号。在数据列中，通过 Moment Quad. Signal（emu）可以看到。

（8）转换系数：样品的磁矩要经过几次耦合才能进入 SQUID环，每台设备都有自己的转换系数。该参数一般存放在配置文件里。所以，当仪器有部件更换后，或者首次冷却等，都需要用标样检测系统是否有变化。另外，由于有些部件随着使用时间的增加，功能会衰减，因此，定期的检测标样的数值与理论值的差距，还是很必要的。

以上详细内容，请参考：

（1）南京大学丁世英老师的课堂讲义《超导物理及应用》（1996）。

（2）QUANTUM DESIGN 公司提供的 SQUID VSM 使用说明书。

三、交流磁化率

交流磁化率的测量装置，如图 3-5-9 所示，主要由激发线圈和探测线圈组成。激发线圈可以产生一定频率和幅值的交变磁场；探测线圈则耦合这个交变磁场并产生感生电动势，也就是我们测量的电压信号。如果探测线圈内部样品的磁导率为 μ 的话，则探测线圈输出的电压信号的幅值也会增大 μ 倍。所以，通过比较有样品和无样品的电压信号，就可以得到待测样品的磁导率信息了。

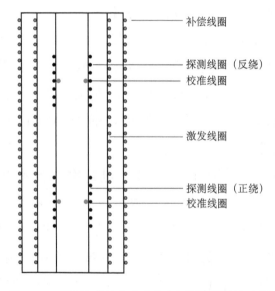

图 3-5-9　PPMS 配件交流磁化率探测线圈结构示意图

激发线圈在探测线圈外侧，用以产生一定频率和振幅的交变磁场。频率一般可以在 $1 \sim 100 \text{kHz}$，振幅可以达到 300Gs。但是，较高的频率和振幅，会使设备发热而无法在低温使用。PPMS 的交流磁化率（ACMS）配件，频率可以在 $1 \sim 10 \text{kHz}$，振幅可以达到 15Gs。虽然不是很高，但是可以在低温条件下使用。

激发线圈产生的交变磁场，不仅可以在探测线圈及样品区域产生影响，也能对线圈外部的超导磁体及样品腔产生影响。为了避免这个负作用，一般需要设计一个补偿线圈。补偿线圈和激发线圈的绕制方向正好相反。因此将激发线圈产生的磁场约束在补偿线圈和激发线圈之间的区域。这时，样品感受的磁场是这两个线圈磁场的矢量和。

探测线圈一般绕制成一阶模式的，也就是由一个正向绕制和一个反向绕制的两个线圈串联起来。这样的好处是：探测线圈的骨架和均匀的样品杆，在正负探测线圈中产生的信号大小相等，符号相反。因此两个探测线圈串联起来后，信号正负相消，总和信号近似为零，从而大大降低了背景信号。

但即使采用一阶线圈结构，在没有样品时，探测线圈还是会有信号的！并且，探测线圈产生的电信号也会与源信号有一定的相位差。这对交流磁化率的测量影响非常大！因此，所有的交流磁化率设备，都是在消除了这个影响后，才推出使用的。有些设备是采用主动调平衡法，这时，测量的高次谐波就可能受到干扰，而不反映样品信息了。所以，在使用时，要仔细阅读说明书才行。

我只是稍微熟悉 QUANTUM DESIGN 公司生产的 PPMS 的配件 ACMS 的工作方法，所以在这里只是简要介绍给大家。

ACMS 采用的是 5 点法消除背景信号和相位偏移的。5 点法，即在 5 个位置点分别进行测量。这 5 个位置点分别是：底部探测线圈中心（Bottom）、顶部探测线圈中心（Top）、底部探测线圈中心（Bottom）、两个探测线圈组中心（Centre）及再次两个探测线圈组中心（Centre），又记作 BTBCC。

将样品放在探测线圈中心位置，是为了测量出样品磁信号；那么，放置在探测线圈组中心，又有什么用呢？答案就是为了校准出测量设备自身的耦合信号及其相位差。

由于从电流源输出的电流要经过许多电路才能到达激发线圈，

所以交变磁场可能与源信号产生了相位差；而探测线圈和激发线圈耦合时，也会有相位偏移。这些导致了测量设备在没有样品时，也会有相位差。另外该信号及相位差会随着温度、测量频率及外磁场变化而变化，因此，信号的校准必须与测量同时进行。

他们的解决方法是：在两个探测线圈中心，各安置一个仅一圈的校准线圈。在进行校准测量时，将校准线圈各自连接入探测线圈中，两次的接入方式要保证校准线圈总是反向的。

一阶探测线圈还能耦合信号，主要是因为正负两个线圈不是完全对称的。为方便理解，我们定义不对称部分产生的信号为 V_N，校准线圈的输出信号为 Δ。由于校准线圈两次测量中是方向交换的，所以，一次信号为 $+\Delta$，另一次为 $-\Delta$。

当样品放置在探测线圈组中心时，两次测量的信号分别为 $V_m = V_N + \Delta$ 和 $V_m = V_N - \Delta$。将两次测量信号相加，就得到设备的自身耦合信号了。

这个方法的精妙之处在于：不仅操作简单，而且"样品不用远远离开测量系统"。因为，如果采用将样品远离测量系统的方法，这就要求测量杆的行程长很多。那样，不仅设备制造繁琐、测量时间增长，也会由于样品杆复位不准确而增加了测量出错的概率。

综上所述，我们可以明白，测量一次标准交流磁化率相对较慢的原因。一般大约需要 20s 的时间。软件上可以设置不选择 5 点法测量，甚至选 1 点法测量也可以。此时测量时间变快，但是测量精度变差。

具体测量过程，用数学表达式或许更清楚。

激发线圈产生一个交变的磁场强度，$H = A\sin(\omega t + \Delta)$，则测量系统本身的耦合信号 (V')，有关系式

$$V' = -\frac{\mathrm{d}\phi}{\mathrm{d}t} = -n'A\mu_0 s\omega\cos(\omega t + \Delta)$$

如果样品产生的磁感应强度为

$$B = \mu\mu_0 A \sin(\omega t + \Delta + \delta)$$

则探测线圈输出的电压，有关系式

$$V = -\frac{\mathrm{d}\phi}{\mathrm{d}t} = -\mu n A \mu_0 s\omega \cos(\omega t + \Delta + \delta)$$

所以，探测线圈输出的电压信号的关系式为

$$V_m = V' + V$$

$$V_m = -n'A \mu_0 s\omega \cos(\omega t + \Delta) - \mu n A \mu_0 s\omega \cos(\omega t + \Delta + \delta)$$

其中，s 为探测线圈与磁感应强度耦合的面积；n' 为一阶线圈不对称等效的线圈数；n 为探测线圈的圈数；Δ 为测量系统本身的相位差；μ 为样品的磁导率；δ 为样品磁矩与激励磁场的相位差。

利用锁相放大器，很容易测出探测线圈的实部（V'_m）和虚部（V''_m）的值分别为

$$V'_m = \mu n A \mu_0 s\omega \cos(\Delta + \delta) - n'A \mu_0 s\omega \cos(\Delta)$$

$$V''_m = \mu n A \mu_0 s\omega \sin(\Delta + \delta) - n'A \mu_0 s\omega \sin(\Delta)$$

由于通过校准线圈两次测量，得到了 $n'A \mu_0 s \omega \cos(\Delta)$ 和 $n'A \mu_0 s \cdot \omega \sin(\Delta)$ 的值，所以将探测线圈输出信号的幅值和相位差分别扣除，就得到了样品交流磁化率的幅值及相位差的信息了。

以上详细内容，请参考：

（1）QUANTUM DESIGN 公司提供的 PPMS 和使用说明书。

（2）A. Bajpai and A. Banerjee. REV. SCI. Instrum. 1997，68（11）：4075。

（附注：以上关于交流磁化率的内容，PPMS 的说明书没有这么详尽的说明，主要是我自己分析推导的，或许有误，还请指正。）

四、霍尔片法

霍尔片法：即利用霍尔效应将磁信号转变为电信号进行测量的

实验方法。具体做法是：将样品放置在霍尔片附近，霍尔片将样品的磁感应强度转换成电压信号；再通过电压表测量出该电压；最后通过霍尔片的参数，计算出样品的磁感应强度等物理信息。

优点是：制作相对简单；样品不需要运动；还可以给样品施加门电压、射频信号等对样品进行调制，进而研究更多的物理现象。所以，国际上有许多实验室采用这个方法进行磁性研究。

下面，我们结合图 3-5-10 来详细介绍一下。

首先，霍尔片的放置方向要和外加磁场平行，以消除外磁场在霍尔片上产生的电压信号。

其次，霍尔片的电流电极，最好贯穿霍尔片的宽度。这样做是为了使电流尽可能平行于霍尔片长轴。

一般制作两对霍尔电压电极，这样做的好处是：

(1) 当没有样品时，通过比较这两对霍尔电极的信号，可以知道霍尔片附近有没有磁场梯度。

(2) 如果一对霍尔电极在降温过程中出现问题，还可以利用另外一对进行测量。虽然测量的绝对值不同，但依然能反映出样品的磁学性质随温度、磁场变化的信息。

(3) 可以用于扣除背景信号。在实际实验中，霍尔片很难严格地和外磁场平行，一般会有一个不到 1° 的倾角。因此，霍尔片会感应到外加磁场的一个分量。且这个分量产生的霍尔电压信号会很大。所以，此时用第一对霍尔电极的电压值作为外部偏置，就可以减小霍尔电极输出的绝对值。从而有利于将待测信号放大。

再次，样品的位置的考虑。如图 3-5-10 中椭圆形黑点，代表了样品。样品安装要贴紧霍尔片，以提高穿过霍尔片的磁感应强度；另外，样品的一端最好安装在第二对霍尔电极上，而另一端在两对霍尔电极之间。这样做的目的，一个是，如果第二对霍尔电极出问题，第一对霍尔电极的信号不会特别弱；另一个是，如果样品的磁感应强度是从上端输出，从下端返回的，那么这样安装样品，就可以确保穿过霍尔电极区域的磁感应强度方向是从纸面穿出的。这样在实验过程中，对测量的数据会更有把握！

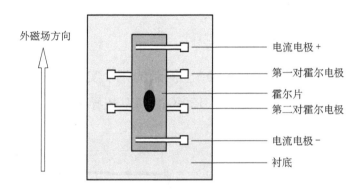

图 3-5-10 霍尔片法测量磁感应强度示意图

最后，霍尔电压测量的方法可以是直流法，这样测量图像简单，不容易出错误；也可以用交流锁相法，可以提高信噪比、较容易地扣除背景信号，但是测量线路复杂些，容易出错。

注意事项：

（1）注意焊点。由于常用的电极是用焊锡焊接的。而焊锡一般在 3K 附近会超导。而该超导抗磁性会对测量信号有影响。

（2）测量结果要多方重复。由于这是自制的测量设备，很容易发生霍尔片两端有磁场梯度、温度梯度等导致测量结果不正常；或者有其他信号进入测量系统等。所以，采用不同的测量方法、变换样品的位置和多次重复实验结果等，相互验证实验结果是很必须的！

第六节 几个可供参考的实验案例

在我负责测量的十几年中，遇到过一些实验错误的案例。其中，有些具有共性的，我把它们也整理出来，以供参考。

一、剩余磁场导致的现象

1. 超导和铁磁的混淆

图 3-6-1 是在 SQUID VSM 上测量的一个实验曲线图。猛一看，测量的学生欢喜地以为发现了 150K 的高温超导体。

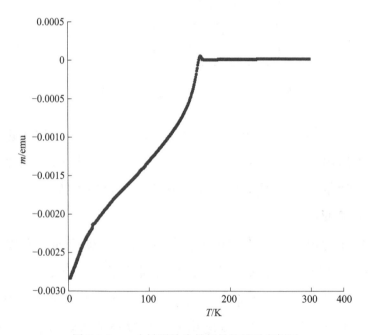

图 3-6-1　一个被误认为是超导的错误实例图

然而当测量 FC 曲线时，发现具有正磁矩。如图 3-6-2 所示，在测量 50K 处的磁滞回线后，发现只有铁磁性特征，从而排除了是超导相变的可能性。后来陆续其他实验证实，该材料是 150K 铁磁相变。

之所以产生图 3-6-1 中类似超导的曲线，其原因是：在 ZFC 降温时，由于超导磁体的剩余磁场是负的，所以在样品发生铁磁相变

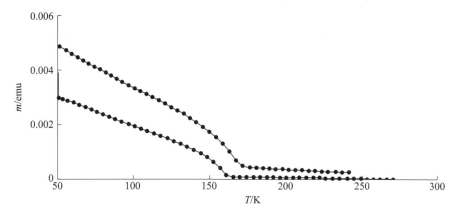

图 3-6-2　FC 曲线实例图

后，其磁矩方向也是负方向的。到了低温，加一个小磁场，这个磁场能量不足以将负方向的磁矩扭转过来，所以在测量升温 $m(T)$ 曲线中，就有负磁矩了。

这是 2008 年人们在探索铁基超导体时发生的。该类材料形成超导和铁磁都是有可能的。由于人们主观倾向于自己合成的材料有超导性，所以才导致错误判断的。

这也是我建议测量 $M(T)$ 时，最好 ZFC 和 FC 都测量的原因。并且，在降温过程中，也快速采集一条曲线，从而定性了解剩余磁场信息的原因。

2. 奇异曲线的产生

图 3-6-3 也是我测量中遇到的奇怪曲线，其原因依然是剩余磁场导致的。最终确认，该材料在降温过程中，先形成铁磁有序，而后在稍低温度发生反铁磁相变。

但是在实际测量中，由于样品降温过程中感受到一个负磁场（约−5Gs），所以，测量的磁矩是负的。当在低温加 100Gs 后，样品内的磁矩被部分扭转，因此，ZFC 的升温曲线是两种状态之和。

为了进一步确认，我将之后测量的 FC 升温曲线和零场降温测量曲线相加，得到了类似 ZFC 的升温曲线，如图 3-6-4 所示。由此确认是剩余磁场导致的现象。

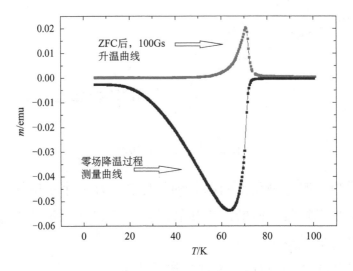

图 3-6-3　一条奇异的 $m(T)$ 曲线

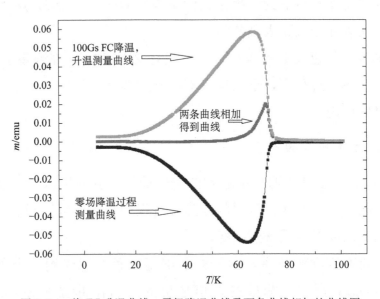

图 3-6-4　将 FC 升温曲线、零场降温曲线及两条曲线相加的曲线图

3. 磁滞回线的变形

图 3-6-5 是一个软磁材料的磁滞回线。由于剩余磁场的原因，导致原本应该初始磁场为＋7T 的曲线应该在左边，而－7T 的曲线应该在右边的。然而实验数据却完全颠倒了。

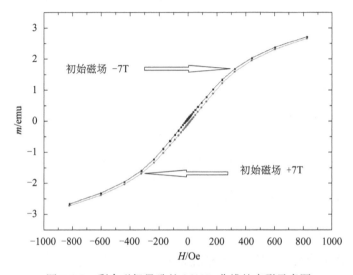

图 3-6-5 剩余磁场导致的 $M(H)$ 曲线的变形示意图

这是由于当初始磁场为＋7T 时，剩余磁场是负的（约－30Gs）；所以，＋7T 的测量曲线实际上是叠加了－30Gs 磁场的数据。而初始磁场是－7T 的曲线则正好相反，即叠加了一个＋30Gs 磁场。所以，测量出如图 3-6-5 的曲线图。

处理方法很简单：只要知道测量设备的剩余磁场值，将数据相应平移、修正就好了。图 3-6-6 就是图 3-6-5 扣除剩余磁场影响后的数据曲线。

附：剩余磁场

剩余磁场的来源：当磁体是由超导线材绕制成时，在超导线材内部也会形成磁通钉扎，这些磁通会对样品所在空间产生一定的磁

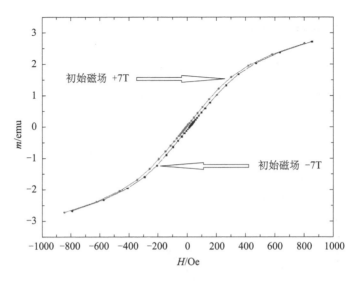

图 3-6-6　扣除剩余磁场后的数据图

场强度。当外磁场退为 0 时，这些磁通及其产生的磁场强度还存在，因此，我们称之为剩余磁场。

剩余磁场的大小与变场速度的关系。通常我们测量时的变场速度是较慢的，磁通已经达到平衡了，所以变场速度对剩余磁场大小影响不大。但是，如果从高磁场（如 5T）快速降（如 500Gs/s）到几百高斯以内的磁场，此时钉扎磁通还没有达到平衡态，剩余磁场会随时间一直变化。如果立即开始测量时，会发现测量噪声较大。一般情况，钉扎磁通的变化随时间指数衰减；因此等几分钟后，剩余磁场稳定了，就不会有这类的噪声了。

磁场的初始值对剩余磁场影响较大。例如我的设备，初始磁场是 1T 时，剩余磁场约 −27Gs，而初始磁场是 7T，剩余磁场约 −31Gs。另外我发现：我使用的 7T 的超导磁体，+7T 和 −7T 的剩余磁场值不一样，分别是 −37.9Gs 和 +34.4Gs。（剩余磁场不对称的原因，个人认为是：超导磁体某处的磁通钉扎力很强，当施加 7T 的磁场时，不足以改变这部分的磁通钉扎方向或使磁通排出，所以该部分磁通永远保留。超导磁体首次冷却后，一般会施加正向磁场。所以，初始磁场为+7T的剩余磁场会大一些。）

剩余磁场会随着外磁场变化而变化。但是当在外磁场小于1000Gs时，剩余磁场基本可以认为不变的；如果在外磁场小于100Gs时，剩余磁场肯定保持不变的。图 3-6-7 是顺磁材料 Pd 在300K 时的 $M(H)$ 曲线。将升场数据和降场数据分别减去相应的剩余磁场，则两条线是完全重合的。

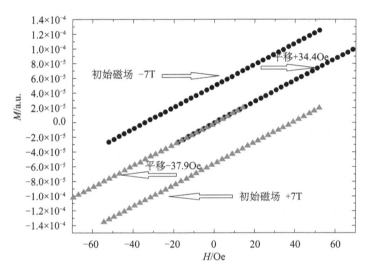

图 3-6-7 顺磁材料 Pd 在小磁场范围的测量 $M(H)$ 曲线图

不同的降场方式对剩余磁场影响较大。常用的变场方式有：linear 和 oscillate 两种模式。Linear 模式采用的方式是：磁场线性地到达设定值，变场速度可以设定。上面的例子，"如初始磁场是1T 时，剩余磁场约－27Gs，而初始磁场是 7T，剩余磁场约－31Gs"指的就是 linear 的变场模式。而 oscillate 模式采用的方式是：往复振荡幅值70％衰减最终到达设定值。常用于磁场回零，并需要剩余磁场较小的时候。例如，初始磁场为1T，则磁场首先降到－0.7T，而后升到0.49T，而后又降到－0.34T，0.24T，－0.168T，

0.117 T，−0.08T，0.057T，−0.040T，0.028T，0Gs。此时，剩余磁场大大减小，约为−5Gs。如果初始磁场为7T，采用 oscillate 模式到达零场时，剩余磁场约为−7Gs。

二、漏空气导致的奇异数据

图 3-6-8 的数据图是某个学生测量的 ZFC 曲线。他发现在 50～60K 处有个小峰，问我怎么回事。我将数据微分后，发现确实在那里有个峰。于是检查测量系统，发现对应的温区，样品腔的气压突然增加了（如图 3-6-9）。由此判断是有少量空气进入测量系统导致的。

在处理了真空的问题后，那个小峰也就消失了。为了进一步确认是空气导致的现象，我又故意密封一些空气，而后进行测量。如图 3-6-10 所示，由此，确认空气会在 50～70K 温区，产生磁信号（通过查阅文献（Ekin J W，2006），进一步确认该现象是由氧气分子的强顺磁性导致的）。

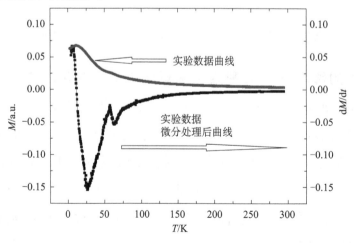

图 3-6-8　有少量空气进入测量系统时的数据图

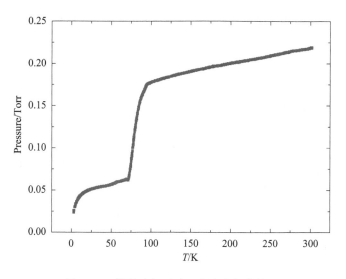

图 3-6-9　样品腔气压随温度变化的曲线图

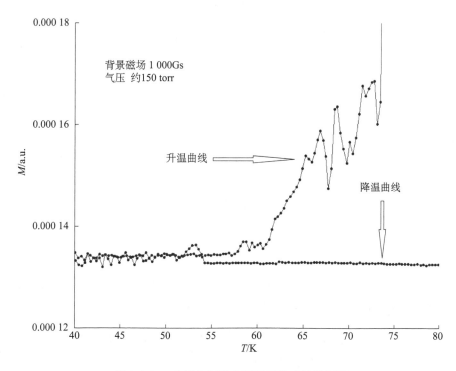

图 3-6-10　大量空气进入测量系统时的数据图

在此之后，我总结了经验：测量数据出现异常，首先要检查真空度是否正常。

三、样品翻转导致的错误

这也是我真实遇到的一个例子。北京有一家做磁性材料的企业，它们的磁性材料出口给以色列某公司。以色列的公司测量这些磁性材料的矫顽力只有0.3~0.4T，远不到1.5T，并附上了他们的测量鉴定结果，如图3-6-11所示。

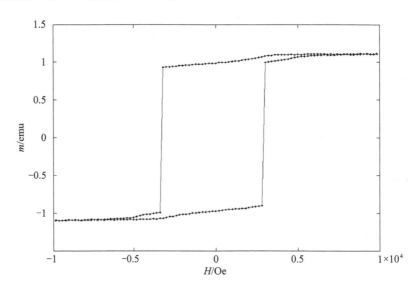

图 3-6-11　以色列某检测单位提供的 $m(H)$ 曲线图

北京的这家企业找到我，要我也做个鉴定。因为我知道强铁磁性材料在磁场下的扭力非常大，所以，就用石英块将样品牢牢地固定在样品杆上。所测量的结果如图3-6-12所示。矫顽力约在1.7T左右，稍高于他们标称的1.5T呢。

我判断以色列的实验室是用胶囊固定的样品，当外磁场方向改变后，由于扭矩太大，导致样品整体翻转了。当磁场由负升到正

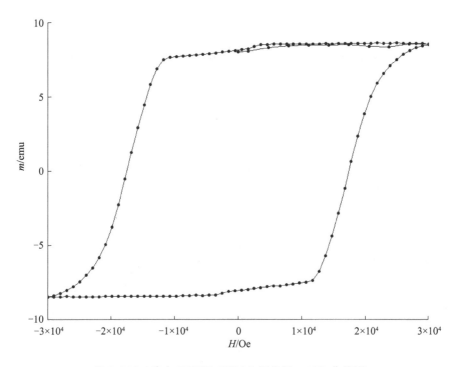

图 3-6-12 我在 SQUID VSM 上测量的 $m(H)$ 曲线图

时，样品又翻转回来了。所以他们取出样品后，没有觉得样品有什么不对。

经过几次讨论之后，以色列的实验室也证实了我的判断。

我们常遇到吸铁石吸在铁桌子上，用手很难把它抠下来的情况。其实，这样的吸铁石的磁感应强度大约 0.3T。所以，可以试想一下，在几个特斯拉的磁场下，强磁性材料所受的力将有多大！

四、铝箔包裹的样品引起的错误

图 3-6-13 是某个学生在测量交流磁化率时遇到的问题。在低频测量时，数据还正常，但在 9667Hz 时，出现异常。

我判断是有金属的涡流抗磁性导致的。他检查样品后，确认是

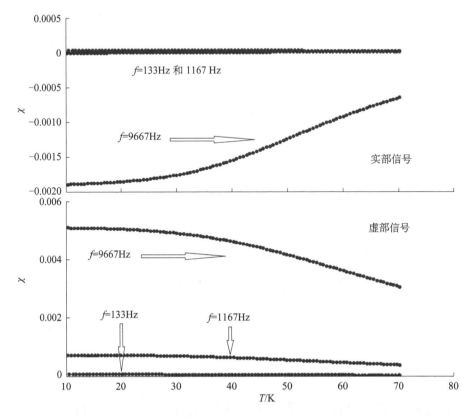

图 3-6-13   异常的交流磁化率的曲线图

在高压合成样品时，密封用的铝箔没有清理掉。而后处理样品重新测量，数据如图3-6-14所示，高频的抗磁信号没有了。

五、薄膜样品测量的问题

由于我们制作的薄膜样品一般都有衬底，虽然衬底的磁化率小很多，但是衬底的总质量要比薄膜样品大很多，所以衬底的整体磁信号常常要比薄膜样品的信号高出很多。除非是薄膜样品的信号非常强，如超导或铁磁性材料的薄膜，磁矩总值可以超过1×10^{-4}emu，否则，就需要处理才能得到薄膜样品的磁

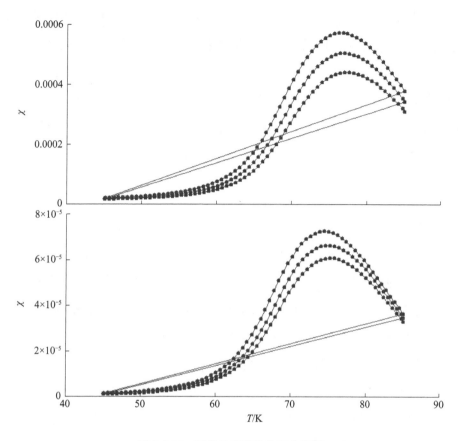

图 3-6-14　正常的交流磁化率曲线图

信号。甚至很多时候，根本无法测量出薄膜样品的信号来。

　　由于测量设备的原因，薄膜样品测量分为磁场平行和垂直膜面的两种情况。这两种情况差距很大，现在，我们分别讨论。

1. 磁场平行膜面

　　由于样品杆是一个半圆形的石英柱，薄膜的衬底很容易固定在石英柱的平面上。而磁场方向就是沿着石英柱的轴线方向的，所以，这种安装样品的方式，就是测量的磁场平行膜面的。

　　此时只要能扣除掉衬底的信号，就能得到样品的信号了。对于测量磁滞回线的情况：由于衬底往往是标准抗磁或顺磁的，所以，只要扣除直线背景就可以了。如果衬底的磁化率随着磁场而改变，则需要标定衬底信号，而后在测量数据中扣除背景信号才可以。

对于测量变温曲线：一般衬底的磁信号在较大温区（如 300～2K 范围），还是有变化的，但是在小温区（如 30K 以内），往往变化不大。所以，在样品发生相变的温区附近，可以利用磁化曲线得到衬底信号，而后在测量信号中扣除衬底信号。这样得到的数据，还是可信的。

2. 磁场垂直膜面

当需要测量磁场垂直膜面时，信号测量就会困难很多。这是由于样品很难"站立"在样品杆的平面上，所以就需要两边用其他材料将其顶住。而这些辅助材料的磁信号也会进入测量系统。这时候，总的背景信号就会高很多。按测量信噪比为万分之一为计，背景信号的噪声会很容易大于样品信号的。

解决的途径是：精心准备实验。如果将衬底的侧边磨的很平，且不是很高的情况，样品还是可以"站立"在样品杆的平面上的。如厚度 1mm，高度不超过 2mm，长度在 2～3mm 的样品，用缩醛胶粘牢，还是可以的。

总之就是采用一切办法，使支撑样品的衬底越少越好。当然，配置水平方向的磁体也是不错的选择。

六、样品定中心不正确带来的问题

样品定中心如果有些偏离，一般会导致测量值与实际值有出入。但如果偏离很多，则会导致测量完全出错！下面是我遇到的一个例子。

图 3-6-15 是一个学生在 SQUID VSM 上测量的曲线。他觉得很

奇怪，于是来问我。原来，他是在硅衬底上生长磁性材料薄膜。在
2K 时，应该是软磁特征的曲线，而测量的曲线非常奇怪：在正磁
场时，磁矩是负的；在负磁场时，磁矩是正的！

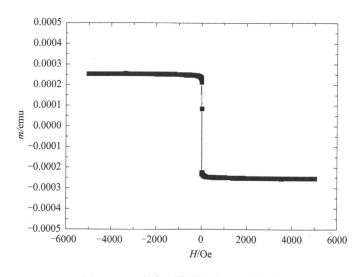

图 3-6-15　定中心错误导致的错误曲线

　　我在 2K 温度下，重新给样品定中心。发现样品中心位置竟然
变了 4mm！

　　再重复测量，就得到了图 3-6-16 的曲线。这是一个标准软磁材
料的 $m(H)$ 曲线。

　　这是如何发生的呢？怎样才能避免呢？

　　首先，我们了解一下 SQUID VSM 的定中心过程。该过程是：
样品从探测线圈很远处开始，缓慢移动一直到穿过探测线圈组为
止。在移动过程中，系统进行磁信号测量。之后得到一条如图 3-6-
17 的磁信号与位置的曲线。信号最大值之处，系统默认为样品的位
置，于是将该位置点移至探测线圈组中心位置。样品定中心完成。

　　由此可以看出：系统是以样品磁信号判断样品位置的。但是如
果随着温度的改变，样品的磁信号位置移动到样品的其他位置时，

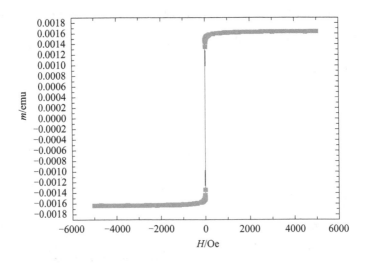

图 3-6-16　样品位置改正后的测量曲线

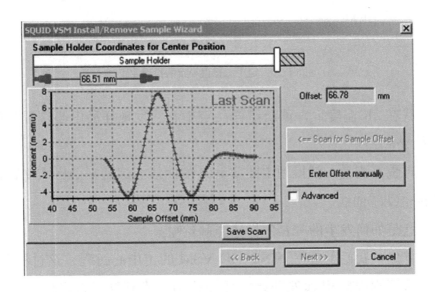

图 3-6-17　SQUID VSM 标准的定中心曲线

而测量系统并不知道，就会发生上述现象。

一般情况下，人们喜欢在室温给样品定中心。这样做的目的是，当外加磁场以振荡模式退磁时，不仅将超导磁体的剩余磁场消到最小，同时也给样品进行了消磁处理。

上述的实验过程中，在室温给样品定中心时，由于此时薄膜还没有形成铁磁性，所以系统测量的是衬底的抗磁性信号和薄膜材料的顺磁性信号之和。系统以这个磁信号作为样品定的中心位置。但是到了 2K 时，薄膜材料形成了铁磁有序，磁信号变得很强，从而使样品的整体磁信号的中心位置发生巨变！而系统并不知道，还是以旧的位置进行测量。这就导致了：样品磁信号中心位置不在线圈组中间，而是偏向负线圈一侧，从而导致测量的数据是反的！

类似情况的避免，还是有迹可循的。例如，如果样品不是很长（例如没有超过 2mm），则一般不会有这个问题。而样品超过 4mm，且质地不均匀，则很有可能发生！

另外，如果样品杆没有清理干净，也会在定中心时发现。所以，在定中心时，把定中心曲线图与标准定中心曲线图进行比较，可以很大程度上减少测量出错。

下面，我把自己总结的"比较的结果及分析"列出来，以供大家参考。

（1）如果定中心的位置偏离标准位置（如 SQUID VSM 为 66mm）1mm 以上，则有可能位置定错了。但也可能是样品安装稍偏，需要进一步确认。

（2）如果在中心位置附近，出现两个以上的极大值峰，一定是样品不均匀或有磁性杂质！务必取出样品来，仔细检查。

（3）如果在 69mm 以上，63mm 以下，出现异常的峰，一定是样品杆有磁性杂质！务必取出样品杆来，仔细检查。

（4）如果在中心位置，测量的峰是反向的，也就是得到了一个负的极大值，这是正常的。这是由于样品具有抗磁性导致的。

虽然上述经验是针对 SQUID VSM 的，对于其他测量系统，也有定中心的过程，类似的情况也会发生。这就需要在测量时，仔细对照操作手册逐步分析才可以避免。

七、扫场测量带来的问题

在测量 $m(H)$ 曲线时，不同变场方式，对测量结果有着很大的影响。

图 3-6-18 是一个同学在 SQUID VSM 测量的 $m(H)$ 曲线。他是以 3Oe/s 的扫场速度进行测量的。在每条 $m(H)$ 曲线中，都总是有一个磁滞叠加在测量数据上，并且噪声也较大。

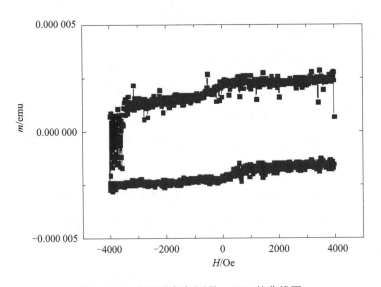

图 3-6-18　某同学扫场测量 $m(H)$ 的曲线图

我判断这是由于扫场方式导致的。于是用不装样品的石英杆进行验证测量，得到了如图 3-6-19 的 $m(H)$ 曲线。其中三条 $m(H)$ 曲线，变场方式分别是 10Oe/s、5Oe/s 和磁场稳定后测量（stable）。

由图 3-6-19 可以清晰看出，扫场测量时，噪声明显增大；扫场速度越高，产生的回滞越大。当采用 stable 的模式测量时，回滞消失，噪声也明显变小了。

究其原因：当磁场一直在变化时，探测线圈内的磁通量发生变

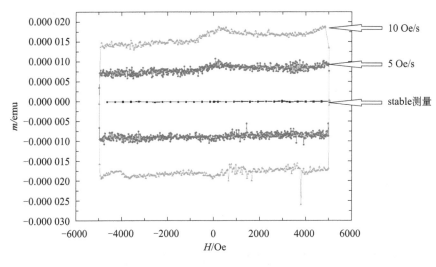

图 3-6-19　不同扫场速度下的石英杆的 $m(H)$ 曲线

化，因而产生感生电动势。这自然导致测量噪声增大。另外，该感生电动势可以看作是一系列频率的合成。因此与测量频率相同的交流分量，会耦合进入测量系统而被当作"磁信号"输出。当磁场增加时，就感生了一个负的信号，磁场减小时，就感生了一个正的信号。且该信号会随着扫场速度增加而增加。于是形成了测量信号叠加了"磁滞信号"的现象。

当磁场是 stable 模式时，没有了磁场的变化，感生电动势也就没有了，叠加的"磁滞信号"也就消失了。

本节总结：在测量过程中，会出现各种奇怪现象。其中大部分是由于测量不正确导致的。一旦遇到了，要改变各种实验条件、实验方法，看奇异现象是否是材料本征的属性。还有一个更简单的方法是：请教有经验的人！

参 考 文 献

曹烈兆，阎守胜，陈兆甲.1999.低温物理学.合肥：中国科学技术大学出版社.

褚圣麟.1979.原子物理学.北京：高等教育出版社.

戴道生，钱昆明.1987.铁磁学.上册.北京：科学出版社.

丁世英，颜家烈，史可信，等.1987.低温物理学报，9（3）：229.

丁世英.1996.超导物理及应用.南京大学内部教材.

丁世英.2009.物理学进展，29（3）：249.

龚昌德.1982.热力学与统计物理学.北京：高等教育出版社.

黄昆，韩汝琦.1988.固体物理学.北京：高等教育出版社.

姜寿亭，李卫.2003.凝聚态磁性物理.北京：科学出版社.

李正中.2002.固体理论.北京：高等教育出版社.

廖绍彬.1987.铁磁学.下册.北京：科学出版社.

孙光飞.2007.磁功能材料.北京：化学工业出版社.

阎守胜，陆果.1985.低温物理实验的原理和方法.北京：科学出版社.

叶良修.1987.半导体物理学.北京：高等教育出版社.

泽门斯基 M W，迪特曼 R H.1987.热学和热力学.北京：科学出版社.

张其瑞.1992.高温超导电性.杭州：浙江大学出版社.

张裕恒，李玉芝.1992.超导物理.合肥：中国科学技术大学出版社.

钟文定.1987.铁磁学.中册.北京：科学出版社.

Ahn C H，Triscone J M，Mannhart J. 2003. Nature，428：1015.

Ahn C H，et al. 2006. Rev. Mod. Phys.，78（4）：1185-1212.

Ando Y，Akita S. 1990. Japanese Journal of Applied Physics，29（5）：770-771.

Arrott A S. 2010. Journal of Magnetism and Magnetic Materials，322：1047-1051.

Bajpai A，Banerjee A. 1997. Rev. Sci. Instrum.，68（11）：4075.

Bitch T，et al. 1996. Journal of Magnetism and Magnetic Materials，154：59-65.

Chalupa J. 1977. Solid State Commun.，22（5）：315.

Daniel W K. 1989. Review of Scientific Instruments，60（2）：271.

Ekin J W. 2006. Experimental Techniques for Low-Temperature Measurements. Oxford University Press.

Enss C，Hunklinger S. 2005. Low Temperature Physics. New York：Springer.

Foldeaki M，Chahine R，Bose T K. J. 1995. Appl. Phys.，77（7）：3528.

Krunsin-Elbaum L，Malozemoff A P，Yeshurun Y，et al. 1989. Phys. Rev. B，39：2936.

Martin D L. 1973. Phys. Rev. B，8：5357.

Mcconville T，Serin B. 1965. Phys. Rev.，140A：1169.

McMichael R D，Ritter J J，Shull R D. J. 1993. Appl. Phys.，73（10）：6946.

Montgomery H C. J. 1971. Appl. Phys.，42：2971.

Nagata S，Keesam P H，Harrison H R. 1979. Phys. Rev. B，

19: 1633.

Phillips N E. 1957. Phys. Rev. , 114: 676.

Shi D, Xu M, Umezawa A, et al. 1990. Phys. Rev. B, 42: 2062.

Suzuki M. 1977. Prog. Theor. Phys. , 58 (4): 1151.

Vair S, Banerjee A. 2003. Phys. Rev. B, 68: 094408.

van der Pauw L J. 1961. Philips Research Reports, 16: 187-195.

Vandervoort K G, Crabtree G W, Yang Y, et al. 1991. Phys. Rev. B, 43: 3688.

Wasscher J D. 1961. Philips Research Reports, 16: 301-306.

Welp U, Kwok W K, Crabtree G W, et al. 1989. Phys. Rev. L, 62: 1908.

White R M. 1983. Springer Series in Solid-State Science. Vol. 32. New York: Springer.

Yeshurun Y, Malozemoff A P, Holtzbery F, et al. 1988. Phys. Rev. B, 38: 11828.

后　记

　　2008 年，北京成功举办了奥运会，其时我也已经负责综合物性测量系统（physical property measurement system，PPMS）整整四年了。对于设备的每个部件和工作环节都了如指掌了。突然发现，自己不知道该做什么了！

　　恰此时，陈兆甲老师和我聊天：建议我将测量方法、测量原理、特征数据及数据分析进行整理，将来出一本书，不仅对广大学生有益，也是自己的成绩啊！我深以为然，于是开始着手准备了。

　　大约用了两年的时间，我将比热的测量及分析整理好了。顿时，觉得自己的知识系统了，很有水平了！并满怀信心地开始了磁性测量及分析的学习和整理。然而，一下子就像进入了阴暗的迷雾中，突然间发现自己什么都不懂！测量方法正确与否根本无法确信！测量的数据什么结论也不敢下定！而且总是有人需要测量的方法和参数，我根本不知道！最令我沮丧的是，经常是同一个样品，两次测量的结果竟然大相径庭……

　　常静夜沉思：这么多科研人员，在其中一个领域，工作了几十年，才能成为专家，而我只是一个做实验的人，怎么可能都弄明白呢？然而，没有对物理图像的理解，照抄文献或他人的观点，又有什么价值呢?!

　　幸好，我有的是时间！幸好，我周围有许多物理很强的人！于是我利用空闲时间重读大学物理，并向周围的老师们请教和讨论。

但是对于量子力学，我总是不能理解和接受。无奈之下，我仅以"经典的电磁相互作用""能量越低越稳定"和"Berry 相位"来理解各个测量的现象。如此煎熬，大约过了五六年，对于测量的大部分实验结果，我终于可以进行判断了，对下一步的实验也有预判了！虽然我的方法有些"土"，但是对于指导实验来说，却更为简洁有效。或许我的观点有不足之处，亦或不一定准确，所以凡有争议之处，我都注明是"个人理解"了，仅供读者参考。

又经两年，将包括电输运测量等所有内容汇集成册。几经校验，又有诸友批阅指正，终成此书！细算起来，吾于所内红色 D 楼，查、阅、思、编、改，竟十年之余！嗟夫！

苏少奎

2018 年 3 月 21 日 春分

物理所 D 楼 620 室